ESSAI

SUR

Les Constructions Rurales Economiques,

CONTENANT

Leurs Plans, Coupes, Élévations, Détails et Devis

ÉTABLIS AUX PLUS BAS PRIX POSSIBLES ;

Par M. le Vicomte DE MOREL-VINDÉ,

PAIR DE FRANCE,

CHEVALIER DE LA LÉGION-D'HONNEUR, MEMBRE DE L'INSTITUT (ACADÉMIE ROYALE DES SCIENCES), DU CONSEIL ROYAL
ET DE PLUSIEURS SOCIÉTÉS D'AGRICULTURE.

LES DÉTAILS DE CONSTRUCTIONS ET DEVIS ONT ÉTÉ FAITS, AVEC L'APPROBATION DE L'AUTEUR,

Par A.-L. Lusson, Architecte.

IMPRIMERIE
DE MADAME HUZARD.

A Paris,

Chez
A.-L. LUSSON, Architecte, Éditeur, rue de Seine-Saint-Germain, n°. 79 ;
MADAME HUZARD, Imprimeur-Libraire, rue de l'Éperon Saint-André-des-Arts, n°. 7 ;
BANCE, Marchand d'Estampes, rue Saint-Denis, n°. 214 ;
CARILIAN-GOEURY, Libraire, quai des Grands-Augustins, n°. 41.

1824.

Table des Chapitres.

Nota. On peut acquérir séparément chacun de ces Chapitres.

Avis Important.

Pour rendre le présent Ouvrage moins volumineux et moins cher, on n'a point imprimé le détail des Devis, et l'on en donne seulement les résultats certains par nature d'ouvrages ; mais ces Devis existent, et restent déposés entre les mains de M. Lusson, architecte-voyer, rue Neuve-de-Seine, n°. 79, lequel en garantit l'exactitude et la véracité.

M. Lusson donnera connaissance de ces Devis à toutes les Personnes qui pourraient vouloir les consulter avant d'entreprendre les Constructions auxquelles ils se rapportent.

IMPRIMERIE
DE MADAME HUZARD (NÉE VALLAT LA CHAPELLE).

Je n'avais point la pensée d'offrir, comme des modèles, les diverses constructions rurales que j'avais conçues et exécutées dans mes exploitations, lorsqu'au commencement de 1819, je fus appelé à faire partie du Conseil d'agriculture près le Ministère de l'intérieur. Au nombre des utiles projets proposés à ce Conseil par son fondateur, celui de défricher nos immenses landes, en y établissant des colonies du genre de celle formée en Hollande, sous le nom de *Frederiks-O'ord*, échauffa d'abord notre zèle. Le premier objet dont on devait nécessairement s'occuper était la construction la plus rapide et la plus économique des logemens et des bâtimens d'exploitation nécessaires aux colons : on cita mon exemple; on invoqua mon expérience, je cédai à des instances si respectables pour moi, et je m'engageai à rédiger et publier mes procédés. Malgré l'affligeant abandon de ce beau projet de colonisation, je remplis aujourd'hui l'engagement que je pris alors, dans l'espoir que cette publication pourra au moins n'être pas sans utilité pour beaucoup de propriétaires ruraux.

Je suis bien loin de présenter cet Essai comme un Traité complet sur les bâtimens ruraux, il n'est que le développement d'un seul système de construction, que j'ai appliqué à toutes les natures de ces bâtimens divers.

Un Traité complet des constructions rurales me paraît même impossible à faire, en raison de l'excessive diversité des convenances *locales* et *individuelles*. Les personnes qui se sont essayées sur ce sujet, n'ont jamais pu satisfaire qu'à quelques-unes de ces convenances, et toujours en s'écartant de toutes les autres.

Mon opinion est que l'on doit se borner à exposer clairement les meilleures conditions communes à chacun de ces bâtimens, sans prétendre donner, sous les autres rapports, des modèles que presque personne n'a les moyens d'imiter.

Que voyons-nous, en effet, dans la plupart des livres étrangers ou français qui ont paru sur cette importante matière? Des plans très-bien conçus et excellens, sans doute, mais d'une telle cherté d'exécution, qu'ils sont inabordables pour l'immense majorité des propriétaires ruraux. Les auteurs de ces ouvrages sont partis d'une fausse base, en s'écartant de la plus importante donnée du problème; ils ont oublié qu'il fallait essentiellement, et avant tout, choisir les matériaux les plus communs et les moins chers, puis mettre leur emploi à la portée des ouvriers les moins habiles de nos campagnes : l'Essai que je publie aujourd'hui me paraît remplir au plus haut degré cette double condition, et si l'on peut critiquer mes constructions sur beaucoup d'autres points, au moins j'ose défier d'en faire de meilleures à aussi bon marché.

J'applique ici à tous les bâtimens ruraux le système de construction auquel je dois la solution complète de cette espèce de problème; et si en faisant cette application, j'ai rappelé, pour chacun de ces bâtimens, les conditions qu'ils exigent pour être les meilleurs possible, je ne l'ai fait qu'accessoirement, et pour prouver l'excellent usage que l'on peut faire de ce système pour satisfaire à toutes ces conditions.

Ce système consiste uniquement dans l'emploi général et exclusif *du bois pris dans ses moindres dimensions ;* et voici comment je suis arrivé à adopter ce mode si facile et si économique.

La construction de ce genre que j'ai exécutée la première, et qui m'a conduit à toutes les autres, est ma bergerie : obligé d'en faire établir plusieurs, voulant les faire suivant les meilleurs principes, et croyant que rien n'est bon à cet égard, s'il n'est construit avec la plus sévère économie, j'ai bien long-temps étudié, médité, recherché les moyens de faire *le mieux possible, au meilleur marché possible,* et je ne me suis arrêté que lorsque j'ai cru avoir atteint complétement ce double but.

J'ai reconnu (et je crois qu'il est impossible de contester ce principe) que la plus économique, la plus durable et la plus facilement réparable des constructions, était celle en *petit bois ;* cette espèce de matériaux se trouve par-tout, ne coûte pas plus que du bois à brûler, se lie et se soutient parfaitement, et se répare pour ainsi dire sans frais.

C'est sur cette idée principale et simple, c'est-à-dire sur l'emploi exclusif de bois de 10 à 12 pieds de long sur 6 pouces d'équarrissage au plus, que j'ai conçu d'abord mes bergeries, puis ensuite toutes les autres constructions que j'ai été dans le cas de projeter, faire ou conseiller. J'ai modifié cette idée première de toutes les manières possibles, et le succès a toujours surpassé mes espérances. J'ai par-tout construit des bâtimens excellens et à plus de deux tiers au-dessous du prix des constructions ordinaires.

J'ai encore reconnu un grand avantage, qui résulte de cette méthode, c'est que les bâtimens que l'on fait ainsi peuvent s'étendre ou se restreindre à volonté et sans rien déranger à l'ensemble : ce ne sont jamais qu'une ou plusieurs travées à rajouter ou à retrancher, sans que tout le reste du bâtiment en souffre le moins du monde, et comme chacune des travées est pareille à l'autre et du même prix, à chaque tranche de bâtimens que l'on veut de plus ou de moins, on sait d'avance le surcroît ou la diminution de dépense qui en résultera.

Dans le cours de l'été 1819, M. le comte de Chabrol, Préfet du département de la Seine, ayant désiré un plan de mes bergeries, M. Lusson, jeune architecte aussi distingué par ses nombreuses études en Italie et en Sicile, que par ses premiers travaux en France, et par la loyauté de son caractère, me demanda la permission de lever et de lithographier les plans de cette bergerie, j'accédai à sa demande, et il a publié, en 1819, cette partie séparée.

Par suite de ces premières relations, je me suis associé, dans la confection du présent Ouvrage, ce même artiste pour la mise au net et la lithographie des plans, ainsi que pour la rédaction des devis, et cet excellent coopérateur a de plus en plus justifié ma confiance et acquis mon estime.

Pour offrir des données certaines sur les prix et ne point tromper sur les devis, j'ai exigé que ces devis fussent tous établis sur les *prix de Paris,* qui sont sans contredit les plus élevés du royaume. Je ne doute point que ces mêmes constructions ne soient bien moins chères par-tout ailleurs ; j'en citerai pour preuve le devis que M. le comte de Chabrol a fait faire pour la construction de ma bergerie dans ses propriétés du Berri : le devis détaillé dans le présent Ouvrage, porte le prix de ma bergerie, à Paris, à 4,573 francs, la même bergerie ne coûtera en Berri que 2,800 francs.

On peut prendre pour constant qu'il y aura, suivant les différentes localités, une plus ou moins grande diminution sur les devis que je donne ici d'après les prix de *Paris.* Je sais, par exemple, qu'aux environs de Sezanne, département de la Marne, la différence est d'environ moitié, et dans les départemens où le bois est presque sans valeur, cette différence serait encore plus grande.

Il résulte des renseignemens que j'ai obtenus qu'en faisant *un prix commun pour toute la France*, ce prix serait au plus les trois cinquièmes de celui de Paris, et c'est d'après cette donnée approximative que j'établirai mes comparaisons dans le cours de cet Ouvrage.

Je crois devoir, en terminant cet Avertissement, demander l'indulgence de mes lecteurs pour les digressions que je me suis permises : comme il est impossible de donner des projets de bâtimens ruraux sans entrer dans le mérite de leur destination, le sujet m'a quelquefois entraîné, et je n'ai pu me refuser à répandre dans cet Ouvrage quelques notions utiles, qui sont le fruit de mes souvenirs ou de mes observations personnelles.

Nota. Les personnes qui désireraient exécuter quelques-unes de mes constructions sont priées d'observer que, sans rien changer à la distribution des locaux, plusieurs de ceux-ci peuvent changer de destination, suivant que l'exigeraient la position des bâtimens ou les convenances particulières.

Il est bon d'observer aussi que, dans les pays où les constructions en moëllons ou autre maçonnerie offriraient encore plus d'économie que celle en petit bois, on pourrait les employer de préférence pour tout ce qui est en élévation, avec la seule précaution de prendre hors œuvre les augmentations d'épaisseur.

Observation sur les Devis.

Je crois devoir faire remarquer que les devis ont été faits dans la supposition la plus favorable, quant à la nature du sol et à la bonté des matériaux. Si le sol se trouvait mauvais, ou les matériaux défectueux, il est évident que le prix augmenterait, sans que pour cela on pût accuser nos devis d'infidélité. Il en serait de même si l'on changeait les dimensions de ces matériaux. Si, par exemple, on augmentait les grosseurs des bois, qui, dans nos devis, sont combinées de manière à ne donner à chaque pièce que la force nécessaire, telle que 6 pouces carrés pour les principaux poteaux, 3 pouces carrés environ pour ceux de remplissage, etc., etc., il est encore évident qu'il résulterait de ces changemens une grande différence entre les superficies et les cubes calculés dans le devis, et ceux portés dans les mémoires des entrepreneurs. Or, cela ne prouverait pas que les devis sont inexacts, mais seulement que les circonstances locales, les intérêts ou les habitudes des ouvriers ont produit l'emploi de main-d'œuvre ou de fournitures plus fort que celui prévu par le devis détaillé.

Cette apparente contradiction n'aurait point eu lieu si le désir de diminuer les frais et le prix du présent Ouvrage ne nous avait point obligés à ne publier que les résultats de ces devis, par nature de travaux. Si, suivant l'intention que le Ministre manifestait dans l'origine, l'Ouvrage eût été imprimé aux frais du Gouvernement, les devis détaillés en auraient certainement fait partie; mais comme ils sont très-volumineux, nous sommes forcés aujourd'hui à nous borner à l'offre de la communication des minutes.

Chapitre Premier.

Habitation du Journalier sans Propriété ni Tenure.

La première et la plus importante, selon moi, de toutes les constructions que j'aie exécutées, en tâchant d'y apporter autant d'amélioration que d'économie, est la maison destinée au plus pauvre habitant de la campagne, c'est-à-dire au journalier sans propriété ni tenure.

Ces habitations, les plus multipliées de toutes, sont, dans la plus grande partie de la France, de véritables masures insuffisantes, incommodes et sur-tout insalubres; elles coûtent cependant au moins autant à établir que celle que j'ai adoptée, et il serait désirable que, dans beaucoup de communes, quelques particuliers riches en fissent construire, pour modèle, au moins une semblable à celle dont je donne ici le plan : ce bienfait ne leur serait pas onéreux, car cette maison, bonne, commode et saine, est susceptible, par son loyer, de produire au propriétaire l'intérêt du prix de la construction, et ce serait d'un excellent exemple.

Voici sur quelles bases j'ai construit cette habitation.

Ma première condition, *la salubrité*, exigeait que la chambre fût élevée au-dessus du sol, avec de l'air ambiant par-dessous; la plupart des maladies des habitans de la campagne viennent de l'horrible humidité de leurs habitations, dont le plancher est souvent plus bas que le sol même.

J'ai donc élevé mon rez-de-chaussée de trois pieds huit pouces au-dessus de terre (compris l'épaisseur du pavé d'une part, et du plancher de l'autre), et à cet effet j'ai creusé le sol de trois pieds, dans la moitié de ma maison, pour faire, dessous la chambre, non pas une cave, la dépense d'une voûte aurait doublé le prix de ma construction, mais un bon cellier, bien sec, aéré et à demi-hauteur, et j'ai exhaussé de trois pieds l'autre moitié de la maison, avec les terres provenant de cette fouille, pour mettre de niveau la cuisine et la chambre.

Extérieurement, un perron descend au cellier et un autre monte à la cuisine. Ces deux perrons, étant près l'un de l'autre, pourraient être aisément abrités par le même auvent. J'ai profité du petit cellier et du tuyau de cheminée de la cuisine pour établir un four sans danger de feu ; il est pratiqué dans le terreplein, au-dessous de la cheminée de la cuisine, et sa gueule, ouverte dans le gros mur de refend, donne dans le cellier.

Ceci est un avantage considérable pour mon pauvre habitant, car il éprouvera une grande diminution de dépense et un grand encouragement à l'économie, s'il peut avoir son pain à meilleur marché, en se mettant en état d'acheter un demi-sac de farine et de cuire chez lui.

J'ai donné deux pièces à l'habitant de cette maison, et j'ai indiqué une cheminée dans chacune. Mon plan porte deux tuyaux posés l'un sur l'autre pour ces deux cheminées ; mais je dois observer ici que, dans l'exécution, j'ai beaucoup plus souvent monté un seul tuyau, celui de la cuisine, et alors, à la sollicitation de l'habitant lui-même, j'ai mis dans sa chambre un petit poêle avec tuyau de tôle montant par la cheminée de la cuisine ; la fumée du four monte aussi par cette même cheminée ; ce qui est sans inconvénient, en ayant le soin de ne pas allumer simultanément le feu du four et celui de la cuisine. Ce petit arrangement m'a donné l'économie d'un tuyau tout entier montant de fond.

L'habitant de ma maison a des enfans ; ils peuvent ramasser du bois, du chaume ou d'autres combustibles ; je lui ai donné un petit hangar pouvant servir de bûcher. Mais ce hangar a encore une autre destination bien plus utile, c'est sous son toit que j'ai placé les cases à lapins, objet, selon moi, du plus haut intérêt pour le bien-être de la pauvre famille. (*Voyez* l'observation qui termine ce chapitre.)

Ce même habitant peut être dans un pays où il jouisse de quelques pâtures communes, ou bien sa femme peut ne pas trouver, ou ne pas savoir un meilleur emploi de ses bras et de son temps que de conduire une vache à la corde : pour qu'elle puisse la loger, ainsi que ses produits, et la nourrir l'hiver, je lui ai donné une petite étable et une petite laiterie, avec un grenier dans le comble de sa maison. On montera dans ce grenier avec une échelle, qui se placera ensuite séchement sous l'égoût des appentis.

J'ai donné en outre à mon habitant un toit à deux porcs et un petit poulailler : cet homme, en battant en grange ou en servant chez un fermier, peut obtenir quelques menus grains pour ses poules. S'il parvient en outre par son travail à se procurer les moyens de nourrir et de saler un porc, il aura encore beaucoup amélioré son bien-être et celui de sa famille : je devais donc lui donner la facilité de loger toutes ces jouissances diverses, ne fût-ce que pour ne pas lui ôter *le désir* et l'espoir de les acquérir.

On remarquera cependant que tous ces adoucissemens à son existence sont placés dans deux appentis, aux deux côtés de sa maison, et que ces deux appentis pourraient, à la rigueur, se supprimer sans que son habitation perdît rien de sa salubrité, ni de sa commodité intérieure; mais, soit que cet habitant puisse bâtir pour lui-même, soit qu'on bâtisse à l'effet de lui louer ensuite la maison, j'engagerai toujours à ne pas faire l'économie de ces deux appentis, dont la dépense est bien peu considérable en comparaison des avantages qu'ils offrent, même *moralement*.

Au reste, comme dans le devis de la maison, montant au total à 3,857 fr. 20 cent., prix de Paris, ou à 2,314 fr. 32 cent., prix commun en France, les appentis n'entrent que pour la somme de 911 fr. 40 cent., prix de Paris, ou de 546 fr. 84 cent., prix commun en France, on voit que l'économie serait bien petite, et que même elle serait en quelque sorte onéreuse, puisque la valeur locative de l'habitation, avec ou sans les appentis, différerait au moins du double, tandis que la dépense des appentis ne fait que le quart environ du tout.

J'ai enfin donné à cette maison des latrines, qui, quoique bien imparfaites, sont cependant une grande amélioration à l'état actuel et commun d'une grande partie de la France.

Par-tout où l'on n'a pas encore considéré les excrémens humains comme le plus admirable des engrais, les habitations des campagnes sont sans latrines, et les haies, les rues, le bas des murs, offrent de toutes parts de nombreux témoins de l'incurie et de l'ignorance des habitans.

Je donne donc pour latrines à ma pauvre habitation un petit réduit sous un de mes deux appentis : là ces latrines se composent d'un baquet formé d'un tonneau coupé en deux; ce baquet est enfoncé en terre jusqu'au niveau de son bord; il est solidement ferré et porte deux anses ou poignées saillantes au-dessus de son niveau; une poulie est solidement attachée au-dessus de lui dans la charpente, et au moyen de cette poulie et d'une corde passant dans les deux anses du baquet, on peut l'enlever quand il est plein, le placer sur une brouette et le transporter où l'on veut. Pour tout siége, il y a au-devant du baquet une pièce de bois de 4 pouces de diamètre, arrondie et polie, fixée dans les deux poteaux de chaque côté. La pièce est fermée par une porte, et une petite lucarne pratiquée dans le toit sert de ventouse.

L'établissement de ces latrines est d'autant plus important à propager, que le moment est prochain où l'habitant des campagnes apprendra que son baquet contient un engrais précieux, et qui ne sera même pas long-temps sans acquérir une valeur vénale.

Il saura bientôt qu'il peut faire lui-même sa poudrette et son urate; qu'en vidant son baquet dans deux petites fosses, l'une pour les matières liquides, et l'autre pour les matières épaisses, il peut faire des premières l'excellent engrais nommé urate, en les absorbant avec du plâtre, de la chaux ou de la marne, ou, à défaut, avec des décombres ou plâtras broyés en quantité égale de capacité; et qu'en laissant sécher les secondes, puis les réduisant en poudre, il peut faire sans frais cette même poudrette qu'on lui vend si cher.

Enfin, il saura qu'en mêlant ensemble ces deux excellens engrais il en peut créer un troisième plus parfait encore, et dans lequel l'expérience a fait connaître plus de force et de puissance que dans la colombine elle-même. (*Voyez*, chapitre VIII, la note sur le stercorat.) Alors il connaîtra de quel prix sont les excrémens humains, et un double bien en sera la suite certaine : le sien d'abord, et puis celui de la société entière, par l'amélioration immense des produits agricoles qui résultera de l'emploi général de ces engrais, perdus aujourd'hui dans plus de la moitié de la France.

Telles sont les considérations d'après lesquelles est établie l'habitation dont je donne le plan et la figure dans ce premier chapitre.

L'on voudra bien remarquer que, pour la modique somme de 3,857 fr. 20 cent. à Paris, ou pour celle de 2,314 fr. 32 cent., prix commun dans toute la France, j'ai couvert et distribué une superficie de 640 pieds, capable de loger confortablement toute une famille.

Cette même habitation, en retranchant les deux appentis, logerait la même famille moyennant 2,945 fr. 80 cent., prix de Paris, ou 1,767 fr. 48 cent., prix commun en France.

OBSERVATION ESSENTIELLE.

Le journalier sans aucune propriété ni tenure, et dont l'existence est tout entière dans le prix qu'il reçoit de l'emploi de ses bras et de son temps, ainsi que des bras et du temps de sa famille, ne doit négliger aucune des ressources qui peuvent ajouter d'ailleurs à ses moyens de vivre. La plus importante de ces ressources est le produit du petit nombre d'animaux dont les soins et la nourriture n'exigent ni les bras ni le temps des membres de la famille. Aussi doit-on mettre au rang des plus précieux de ces animaux le lapin et l'abeille.

Il faut ajouter à cette considération que ces deux espèces de produits sont les plus faciles de ceux que le simple journalier peut obtenir sans nuire aux propriétaires voisins, et sans être sans cesse entraîné vers des délits qui corrompent sa moralité, et l'exposent fréquemment à des peines plus ou moins graves.

Ces deux espèces d'animaux sont bien préférables à la vache, toujours si chérie cependant par la femme du journalier. D'abord leurs produits sont abondans, certains et constans; ceux de cette vache sont faibles, parce qu'elle est mal nourrie et sans litière, incertains par suite d'une foule d'accidens que cette femme appelle des sorts jetés sur sa vache, et bornés à moins des deux tiers de l'année par la nécessité de faire couvrir cette vache unique. De plus, cette malheureuse vache emploie exclusivement les bras et le temps de cette femme et souvent d'un de ses enfans : or, dans les pays où l'agriculture est bonne, et où, par conséquent, on éprouve toujours l'insuffisance des bras pour la rendre meilleure, ceux des femmes et des enfans ne sont pas dédaignés, et leur temps est payé par un salaire raisonnable et bien supérieur aux faibles produits de cette vache gardée à la corde, et toujours mal et difficilement nourrie, parce qu'elle ne peut l'être qu'en fraude et aux dépens d'autrui.

Il me paraît donc constant que, dans la préférence généralement donnée par la femme du journalier à cet emploi de son temps, il y a erreur et préjugé, ou plutôt je suis porté à croire que la paresse, beaucoup plus qu'un véritable intérêt, en a été la cause originaire et déterminante. Mais cette préférence est si anciennement et si profondément enracinée dans l'esprit de cette classe de femmes, que je n'ai pas cru devoir priver son habitation des moyens de loger la vache; mais en même temps j'ai voulu que les cases à lapins en fissent une partie essentielle, parce que c'est une des ressources que je crois qu'on doit le plus recommander au journalier.

J'ajoute que si la nature du pays lui permet d'y joindre aussi quelques ruches, il trouvera de grandes douceurs dans ces deux produits, qui ne l'exposeront point à nuire à ses voisins, et qui n'enlèveront rien à ses autres moyens d'existence.

Extrait du Devis.

ARTICLE PREMIER. *Terrasse.*

66	97	Cubes de terre : pour déblais des fondations jetés sur berge, roulés à un relai, à 1 fr. le mètre.	66 fr.	97 c.

ARTICLE II. *Maçonnerie.*

51	43	Cubes de mur en fondations et élevation, à 17 fr. le mètre, produisent.	874	31	
2	32	Cubes de briques pour le four, à 54 fr. le mètre . . .	125	28	
28	09	Superficiels de brique pour tuyaux de cheminées, à 6 fr. le mètre.	168	00	
1	95	Superficiels de carreaux pour la cheminée, à 4 fr. 25 c. le mètre	8	28	
0	71	Cubes de pierre de taille, compris taille des lits et joints, paremens rustiqués et pose, à 100 fr. le mètre. . . .	71	00	1868 52
138	80	Superficiels de pans de bois hourdés et enduits, à bois apparens, à 3 fr.	416	40	
47	16	Superficiels de planchers enduits entre les solives, à 2 fr. 50 c. le mètre.	117	90	
34	94	Superficiels de carrelage, à 2 fr. 50 c. le mètre	87	35	

A reporter. . . . . . . 1935 fr. 49 c.

(4)

Report. . . . . . 1935^{fr.} 49

Article III. Charpente.

31^{m.} 16^{c.} Cubes de bois pour pans de bois, planchers et comble,
à 85 fr. le stère.. . . . . 1118^{fr.} 60^{c.} } 1135 54
Valeur de l'auge de la vacherie. 16 94

Article IV. Couverture.

95 15 Superficiels de couverture en tuile, à 4 fr. 50 c. le mètre. 428 18

Article V. Menuiserie.

18 73 Superficiels de portes et croisées, à 7 fr. le mètre . . . 131 11 } 138 11
Valeur des deux châssis, couverts en toile, pour la vacherie et laiterie. 7 00

Article VI. Serrurerie.

37^{k.} 50^{g.} Pesant de gros fer, pour équerres maintenant les assemblages de charpente, à 1 fr. le kilogramme . . . . . 37 50 } 164 64
La ferrure des portes et croisées. 127 14

Article VII. Vitrerie et Peinture.

1^{m.} 92^{c.} Superficiels de verre pour petits carreaux, à 7 fr. le mètre, produisent. . . . . 14 40 } 55 24
40 84 Superficiels de peinture à l'huile : deux couches, et compris rebouchage, à 1 fr. le mètre 40 84

Total général . . . . 3857^{fr.} 20^{c.}

Nota. Si l'on désirait supprimer les deux bas-côtés de l'habitation du journalier, on trouverait une économie de 911 fr. 40 c., ci. 911 40

Ce qui réduirait la dépense à. . . . . 2945^{fr.} 80^{c.}

Plan du Plancher.

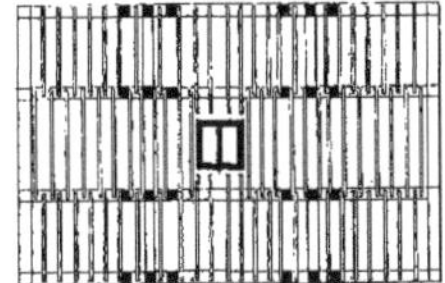

Plan du Rez de chaussée.

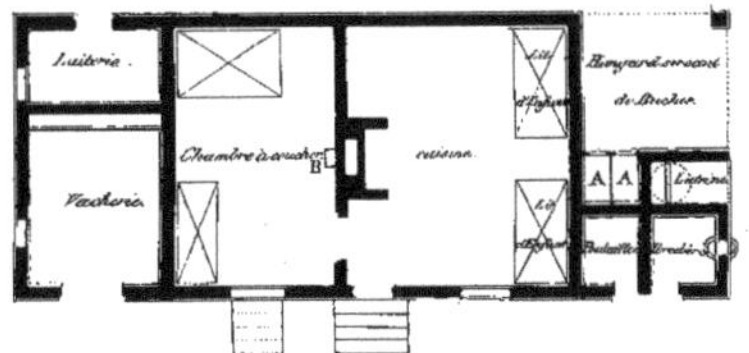

Plan des fondations.

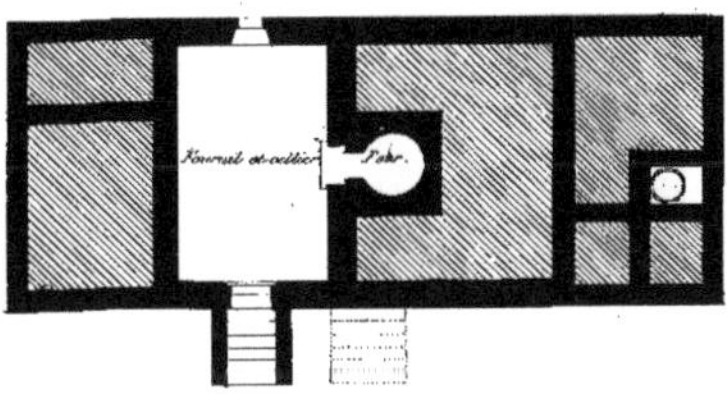

Echelle de 1 2 3 4 5 6   12   18   26 Pieds.

Echelle de 0 1 2 3 4 5 6 7 8 Mètres.

Lith. de G. Engelmann.

MAISON D'UN JOURNALIER.
Élévation.

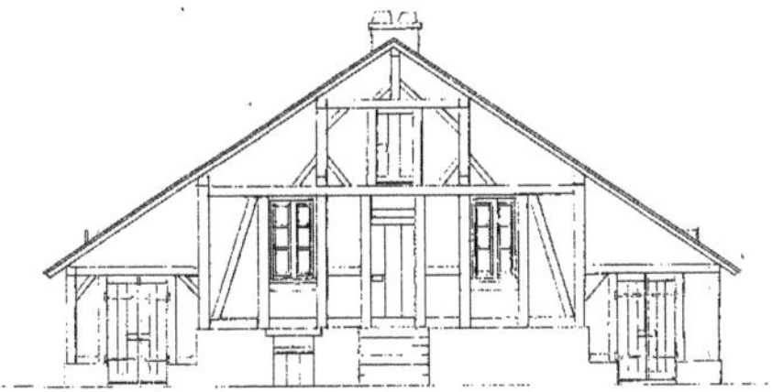

Élévation Latérale.

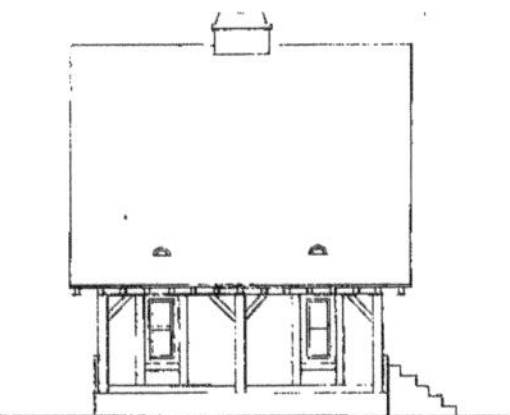

Coupe Latérale.

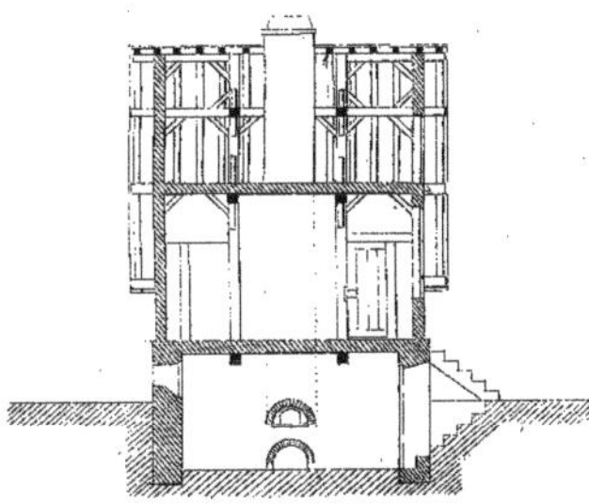

Coupe sur la Largeur.

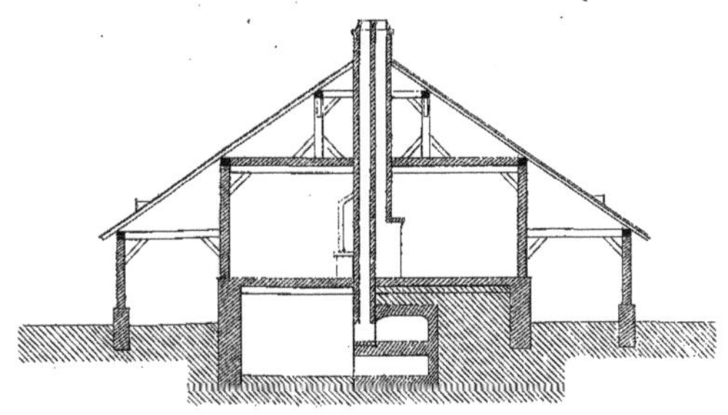

Echelle de ___ ___ ___ ___ Pieds.

Echelle de 1 2 3 4 5 6 7 8 Mètres.

Lith. de G. Engelmann.

Habitation du petit Propriétaire, Tenancier, ou Métayer.

Avec cette Habitation doit être établie sa Dépendance, décrite CHAPITRE TROISIÈME.

CETTE habitation est entièrement conçue et exécutée sur les mêmes bases que celles du chapitre Ier., elle a seulement reçu l'augmentation que l'état de son propriétaire exigeait.

La chambre à coucher a reçu une alcôve, qui lui donne l'apparence d'une petite salle pour recevoir du monde, avec un petit cabinet de travail pour le maître.

La cuisine ne contient plus les lits des enfans, il y a ici chambres de servantes et d'enfans.

Au lieu d'un cellier, il y en a deux : l'un pour buanderie et fournil, et l'autre pour les boissons.

Un poêle commun, au centre de la maison, échauffe à peu de frais toutes les pièces ; mais comme ce poêle doit être plus grand que celui de l'habitation décrite au chapitre Ier., il est utile qu'il jouisse d'un tuyau de cheminée monté exprès pour lui. Ainsi je ne pense pas que pour le poêle de la présente habitation, ainsi que pour celui de l'habitation qui sera décrite au chapitre IV, il soit convenable de faire l'économie que j'ai quelquefois pratiquée pour l'habitation décrite au chapitre Ier., en ne montant qu'un seul tuyau pour les trois feux.

L'usage des poêles situés au centre de la maison et communs à toutes les pièces, est une heureuse innovation qui commence à s'introduire dans nos campagnes et qu'on ne saurait trop y encourager. On sait avec quelle perfection et quelle économie ils sont établis en Allemagne ; il faut tout faire pour qu'on les adopte en France, où nos malheureuses cheminées dévorent le bois, évaporent toute la chaleur, et ne chauffent ni ne sèchent rien.

Dans l'habitation présentée dans ce chapitre II, j'indique ce poêle comme partie essentielle de la construction ; mais je n'en donne pas les détails, parce que je suis mécontent de tous ceux que j'ai fait exécuter. Je désirerais qu'un prix proposé par la Société d'Encouragement pût nous procurer un bon plan du meilleur poêle pour la campagne, au meilleur marché possible, et exécutable par tous les maçons de village. (Dans tous les cas, la condition première serait que ce poêle tirât tout son air de l'extérieur.)

On observera que, dans l'habitation que je décris maintenant, la petite étable est devenue une assez grande laiterie. Ce changement résulte de ce que l'étable du chapitre Ier. se trouve reportée dans les dépendances que j'attache à la présente habitation et que je vais donner dans le chapitre III suivant.

Les latrines sont pareilles à celles du chapitre Ier., sauf que le baquet reçoit un couvercle de bois percé d'une lunette. Une petite lucarne dans le toit sert de ventouse.

Les perrons sont couverts d'un porche surmonté d'un pigeonnier, et rien ne manque à cette habitation pour que l'homme qui l'occupe puisse, si les circonstances le favorisent, donner une plus grande extension à son exploitation agricole, ou à son vignoble, ou à son commerce.

L'habitation de la planche première couvrait 640 pieds de superficie, celle-ci couvre 920 pieds, et ne coûté que 6,202 fr. 52 c., prix de Paris, ou 3,720 fr., prix commun en France.

OBSERVATIONS.

1°. On remarque peut-être qu'il se trouve dans la cuisine de cette habitation un poteau découvert et qui peut paraître gênant. Je répondrai d'abord que, dans l'usage, ce poteau gêne peu, parce qu'on l'engage à demeure dans le bord de la table de la cuisine, où il ne fait que tenir la place d'une personne, sans embarrasser aucun mouvement. Ensuite j'observerai que ce poteau correspond à trois autres pareils, qui sont engagés dans les cloisons de distribution, et que ces quatre poteaux sont nécessaires pour conserver le même système général et économique des bois *petits* et à *courtes portées*.

Cependant on pourrait aisément éviter le léger inconvénient de ce poteau apparent dans la cuisine, en mettant dans le plancher supérieur de cette pièce *seulement* une poutre plus forte et plus longue, ce qui ne donnerait qu'une bien faible augmentation de dépense.

2°. Si par suite de l'accroissement donné au grenier et de l'emploi qu'on désirerait faire de ce local, on trouvait trop incommode de n'y parvenir qu'avec une échelle, il faudrait recourir au moyen pratiqué au chapitre IV (*voyez* ce chapitre pour les détails) ; c'est-à-dire qu'il suffirait de construire derrière la maison un porche pareil à celui qui se trouve à l'entrée pour couvrir les deux perrons : ce porche ainsi répété servirait de cage à un escalier qui desservirait le grenier, et même, au besoin, le dessus du porche d'entrée. On écarterait de droite et de gauche les deux croisées des chambres d'enfans et de servantes.

Le devis de cette petite construction est compris dans celui du chapitre IV, et ne donne pas une augmentation de dépense bien considérable.

Extrait du Devis.

Article premier. *Terrasse.*

m.	c.		fr.	c.
83	27	Cubes de terre pour déblais de fondations, jetés sur berge et roulés à un relais, à 1 fr. le mètre.	83	27

Article II. *Maçonnerie.*

m.	c.		fr.	c.		
65	59	Cubes de murs en fondations et élévation, à 17 fr. le mètre.	1149	03		
2	89	Cubes de briques pour le four, à 54 fr. le mètre. . . .	156	06		
33	97	Superficiels de briques pour tuyaux de cheminée, à 6 fr. le mètre.	203	82		
1	65	Cubes de pierre de taille, compris taille des lits et joints et pose, à 100 fr. le mètre.	165	00		
14	45	Superficiels de taille de paremens rustiqués, à 3 fr. le mètre.	43	35	2698	73
60	50	Superficiels de carrelage en grands carreaux de terre cuite, à 2 fr. 65 c. le mètre.	160	33		
179	50	Superficiels de pans de bois hourdés et enduits à bois apparent, à 3 fr. le mètre	538	50		
56	82	Superficiels d'enduit sur les murs, à 60 c. le mètre . . .	34	09		
99	42	Superficiels de planchers, avec aire, enduits entre les solives, à 2 fr. 50 c. le mètre.	248	55		

Article III. *Charpente.*

m.	c.		fr.	c.
22	88	Cubes de bois pour pans de bois, planchers et comble, à 85 fr. le stère. . .	1944	80

Article IV. *Couverture.*

m.	c.		fr.	c.
181	08	Superficiels de couverture en tuile, à 4 fr. 50 c. le mètre.	814	86

Article V. *Menuiserie.*

m.	c.		fr.	c.		
13	09	Superficiels de croisées et porte vitrée, à 8 fr. le mètre..	104	72		
27	82	Superficiels de portes pleines et contrevents, à 6 fr. le mètre.	166	92	271	64

Article VI. *Serrurerie.*

k.	g.		fr.	c.		
58	35	Pesant de gros fer, pour équerres et étriers, à 1 franc le kilogramme	58	35	264	07
		La ferrure des portes, croisées et contrevents, estimée. .	205	72		

Article. VII. *Vitrerie.*

m.	c.		fr.	c.
5	80	Superficiels de verre, à 7 fr. 50 c. le mètre.	43	50

Article VIII. *Peinture.*

m.	c.		fr.	c.
61	65	Superficiels de peinture à l'huile, deux couches, compris rebouchage, à 1 fr. le mètre.	61	65
		Plus, valeur pour le poêle.	20	00

	fr.	c.
Total général	6202	52

PETITE FERME,

ou Maison d'un petit propriétaire ou Tenancier.

Plan du Plancher.

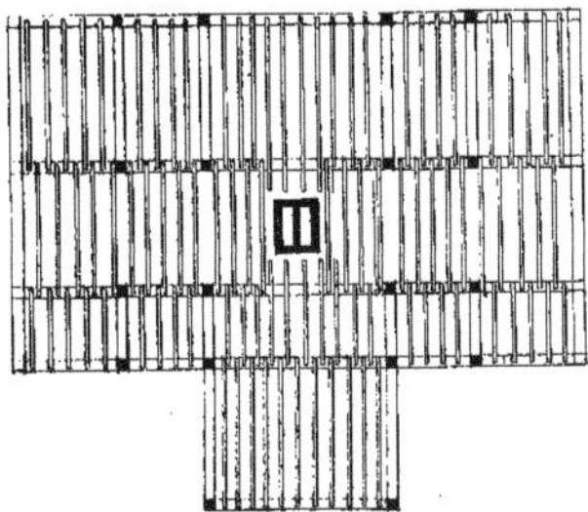

Plan du rez de Chaussée

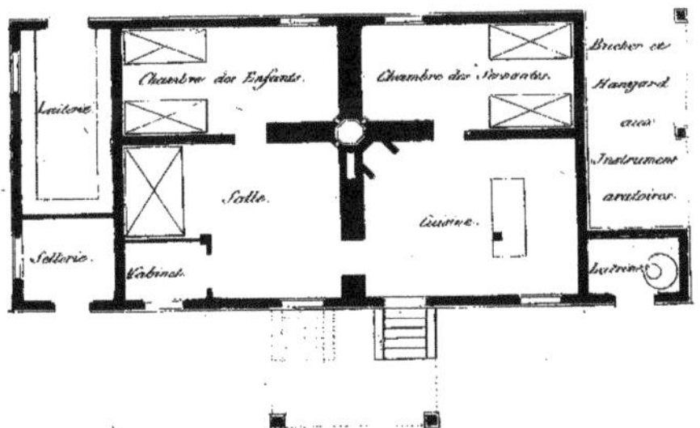

Plan des Fondations et des Celliers.

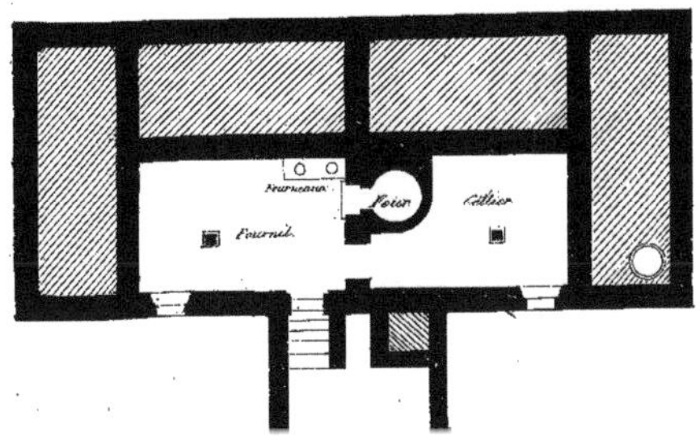

Echelle de   6   12   18   24 Pieds.
Echelle de 1 2 3 4 5 6 7 8 Mètres.

Lith. de G. Engelmann.

PETITE FERME,

ou Maison d'un petit propriétaire ou Tenancier.

Elévation.

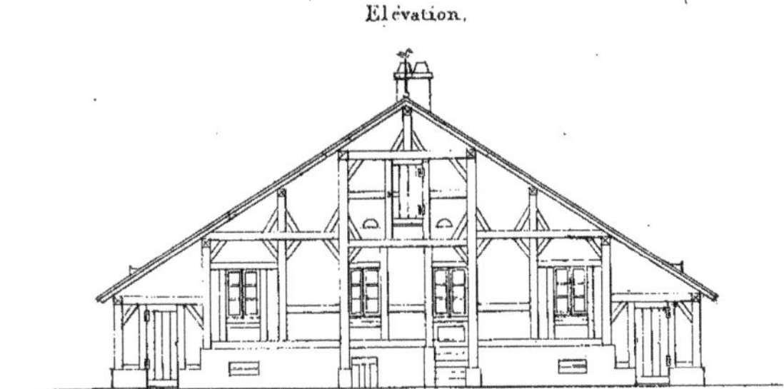

Elévation latérale.

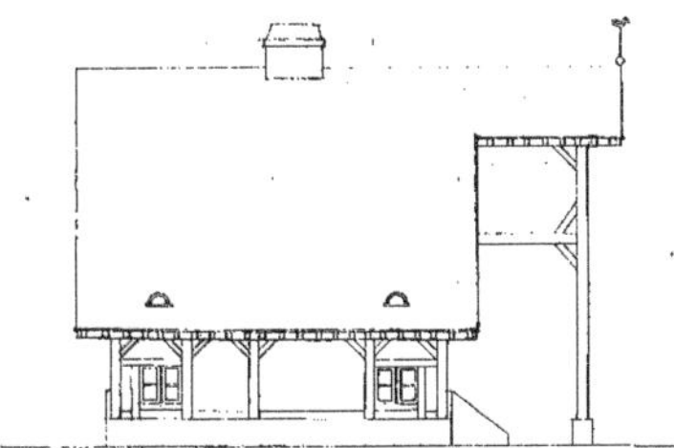

Coupe latérale.

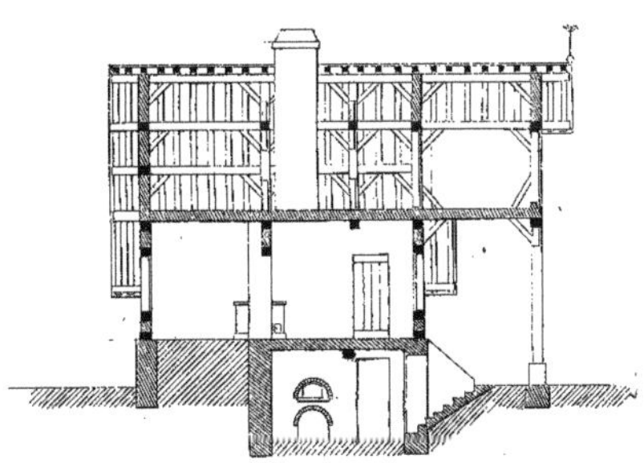

Coupe sur la Longueur.

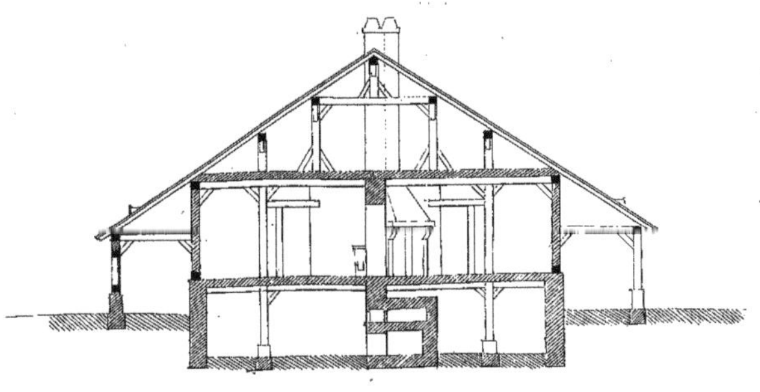

Echelle de
Echelle de

Chapitre Troisième.

Dépendance de l'Habitation détaillée dans le Chapitre Deuxième.

Les besoins de la famille à laquelle l'habitation N°. 2 est destinée sont presque tous les mêmes que ceux d'une grande exploitation, il n'y a de différence que dans leur étendue.

En effet, il faut au petit propriétaire tenancier, ou métayer, étable, écurie, grange, foenière, vinée dans les pays de vignoble, enfin, hangar ou magasin pour son commerce, s'il en joint un plus ou moins étendu à son industrie agricole.

Ce sont ces dépendances dont j'ai entendu donner les plans dans ce troisième chapitre.

Chacun sentira aisément qu'il ne fallait présenter ici que l'idée mère de ce bâtiment. Cette même construction qui, dans les plans annexés à ce présent chapitre, n'a en épaisseur que deux travées de 10 piéds chacune, sur quarante piéds de large, peut s'étendre à volonté d'une ou plusieurs travées, ou même se répéter sans aucune distribution intérieure pour servir de hangar ou magasin; elle convient donc d'abord telle qu'elle est ici à la petite exploitation de l'habitant de la maison N°. 2, puis ensuite elle pourrait à peu de frais s'augmenter proportionnellement à l'accroissement de son industrie agricole ou commerciale.

C'est dans cette pensée que je donne comme type général mon bâtiment N°. 3.

On y remarquera :

1°. Que l'écurie et la vacherie sont dans le même espace et sans séparations.

Dans les petites cultures, lorsque l'exploitant a peu ou point de domestiques et n'a pas abondance de litières, cette disposition est bien préférable à toute autre; les bêtes sont plus facilement soignées, les litières des chevaux passent sans travail sous les vaches, les fumiers sont bien mieux faits; il y a toute économie de bras, de temps et de frais, sans nul inconvénient pour les animaux.

2°. Adossé à la vacherie, est le poulailler, qui n'en doit être séparé que par une claire-voie maillée ou treillagée, afin que les poules puissent profiter pendant l'hiver de la chaleur de l'étable.

Il en résulte une telle précocité et une telle abondance dans la ponte, que cet article seul est un grand bénéfice pour la ménagère, et que l'on doit, autant que possible, se donner cette favorable disposition.

C'est dans le même but, et sur-tout pour élever des couvées hatives, que l'on doit toujours avoir le soin de mailler tout le tour du dessous de la table de cuisine et l'ouverture du dessous du four pour en former des espèces de grandes cages. Les pondeuses d'hiver et les jeunes couvées que l'on y placera sauront bien profiter de la chaleur qui se perd dans la cuisine et dans le fournil; et c'est encore un bénéfice réel.

3°. La grange est assez grande pour qu'au besoin une partie de son espace à côté de l'aire à battre puisse recevoir la cuve de vendange.

C'est pour ce cas seulement que j'ai indiqué dans le plan et dans le devis un plancher au-dessus de cette partie de grange; ce plancher n'occasionne qu'une augmentation de dépense d'environ 100 fr., prix de Paris, ou de 60 fr., prix commun; on pourra le supprimer si l'on n'est pas dans la nécessité d'établir une vinée dans cette partie de grange.

Si par l'établissement de cette vinée ou par toute autre cause cette grange était insuffisante pour l'étendue de l'exploitation, on pourrait, sans l'augmenter, employer avec un succès certain les mulotins décrits chapitre V bis, la grange que je donne ici étant plus que suffisante pour rentrer tout-à-la-fois un de ces mulotins de 3,000 gerbes.

Le bâtiment dont je présente ici le plan couvre 800 pieds de superficie; il ne coûte que 3,611 fr. 40 c., prix de Paris, soit 2,166 fr. 84 c., prix commun en France.

Une fois les deux pignons établis, chaque travée intérieure de plus ne coûterait qu'environ 1,000 fr., prix de Paris, ou 600 fr., prix commun de France.

Ainsi, avec cette modique somme, une ou plusieurs fois répétée, chacun pourrait donner à ces dépendances toute l'étendue nécessaire, d'après la nature et la force de ses exploitations, industrie ou commerce.

3

(8)

Extrait du Devis.

Article premier. *Terrasse.*

La fouille des terres roulées à un relai, pour la fondation des murs, évaluée. — 20 fr. 00 c.

Article II. *Maçonnerie.*

m.	c.		fr.	c.		fr.	c.
19	98	Cubes de murs en fondation et élévation, à 17 fr. le mètre, produisent.	339	66			
1	12	Cubes de pierre de taille, compris taille des lits et joints et pose, à 100 fr. le mètre.	112	00			
8	40	Superficiels de taille de paremens rustiqués, à 3 fr. le mètre.	25	20	}	1110	50
183	97	Superficiels de pans de bois hourdés et enduits à bois apparent, à 3 fr. le mètre.	551	91			
65	21	Superficiels de planchers en torchis, enduits par-dessus et par-dessous entre les solives, à 1 fr. 10 c. le mètre. .	71	73			

Article III. *Charpente.*

m.	c.		fr.	c.
15	36	Cubes de bois pour pans de bois, planchers et combles, à 85 fr. le stère. . .	1305	60

Article IV. *Couverture.*

m.	c.		fr.	c.
126	00	Superficiels de couverture en tuile, à 4 fr. 50 c. le mètre.	567	00

Article V. *Menuiserie.*

m.	c.		fr.	c.
28	83	Superficiels de portes et croisées, à 7 fr. le mètre.	201	81

Article VI. *Serrurerie.*

k.	gr.		fr.	c.		fr.	c.
37	50	Pesant de gros fer pour équerres liant les assemblages de la charpente, à 1 fr. le kilogramme.	37	50	}	274	50
		La ferrure des portes et croisées vaut.	237	00			

Article VII. *Vitrerie.*

fr.	c.		fr.	c.
1	54	Superficiels de verre, à 7 fr. 50 c. le mètre	11	55

Article VIII. *Peinture.*

La peinture à l'huile des portes et croisées, estimée. . . . . — 40 fr. 00 c.

Article IX. *Accessoires,*

Tels que râtelier, mangeoire et auge, ensemble valant. . . . . — 90 fr. 40 c.

Total général. . . . . 3611 fr. 40 c.

GRANGE ÉCURIE ET VACHERIE,
OU DÉPENDANCES D'UN PETIT PROPRIÉTAIRE,
OU TENANCIER.

Plan du Plancher.

Plan du rez-de-Chaussée.

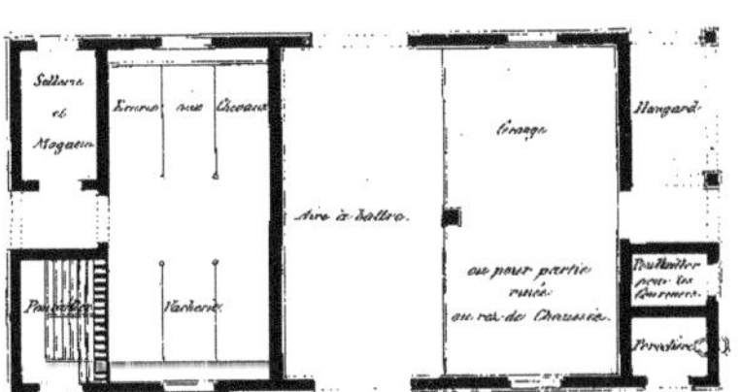

Plan des Fondations.

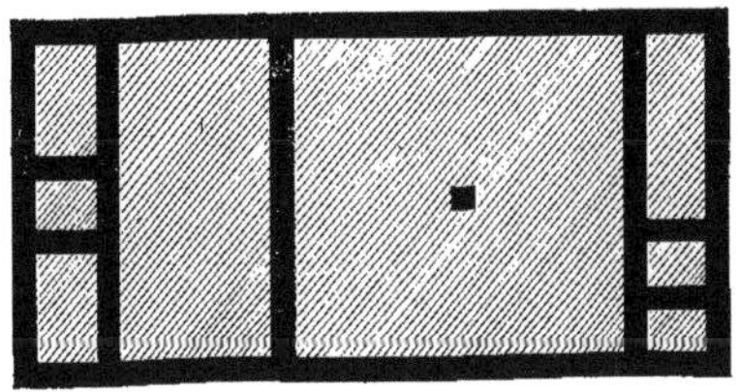

Échelle de. 2 . . . 12 . . . 24 Pieds

Échelle de. 1 . 2 . 4 . 6 . 8 Mètres

GRANGE, ECURIE ET VACHERIE,
OU DÉPENDANCES D'UN PETIT PROPRIÉTAIRE
OU TENANCIER.

Elévation.

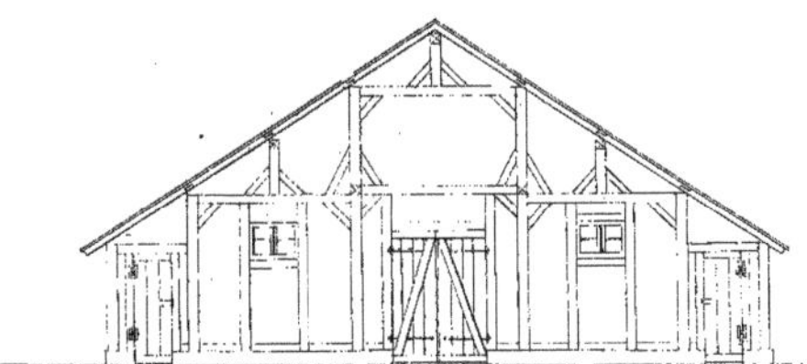

Elévation latérale.

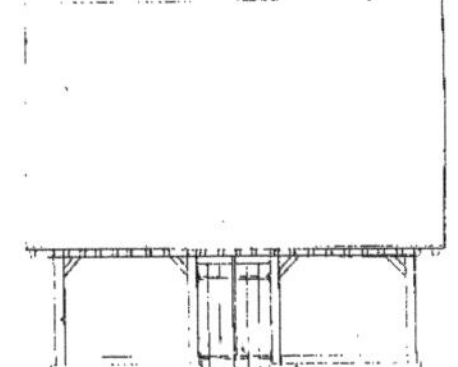

Coupe sur la Profondeur.

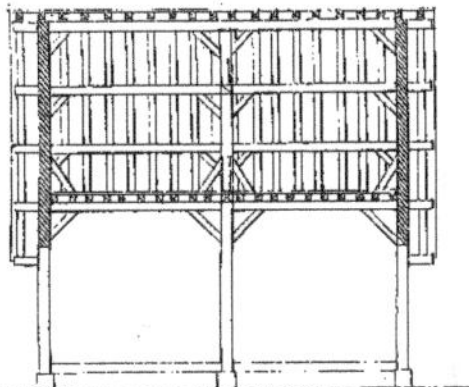

Coupe sur la Largeur.

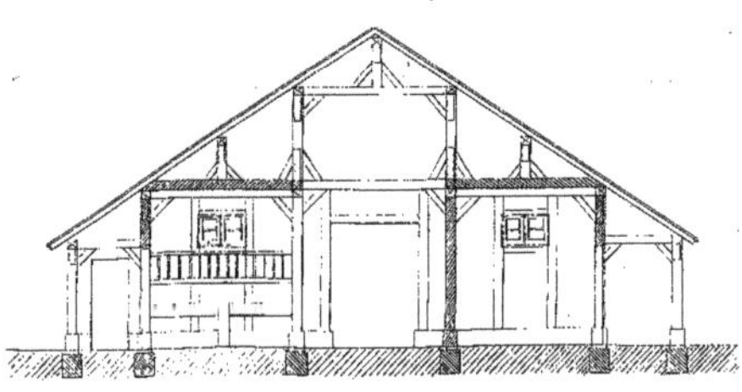

Lith. de G. Engelmann.

Chapitre Quatrième.

Habitation pour le Propriétaire ou le Fermier d'une exploitation considérable.

Avec cette habitation, doivent être établis les bâtimens détaillés aux chapitres suivans, jusques et compris le chapitre VIII ; la réunion de toutes ces constructions donnera la grande ferme, de quelque nombre de charrues que son exploitation soit composée, toutes ces constructions pouvant se restreindre ou s'étendre à volonté.

L'habitation représentée dans ce chapitre IV n'est que l'extension de celle détaillée chapitre II ; mais cette extension offre toutes les convenances qu'exige l'importance de cette nouvelle destination.

Tout le corps-de-logis principal est exhaussé sur quatre celliers, qui donnent buanderie et fournil, chantiers à boisson et serres à légumes, betteraves et pommes de terre.

Les quatre grandes pièces du rez-de-chaussée, au-dessus de ces celliers, contiennent tous les logemens nécessaires au maître et à sa famille, et de plus une chambre à deux lits pour les étrangers, laquelle est à la place qu'occupait, dans le chapitre II, le logement des servantes : celles-ci, dans ce chapitre IV, sont logées à l'étage supérieur.

Une resserre servant de garde-manger est attachée à la cuisine.

Le poêle, qui est au centre du rez-de-chaussée et qui doit tout échauffer, sécher et assainir, est plus fort que celui du chapitre II, parce qu'une plus grande dimension est donnée à toutes les pièces qui reçoivent sa chaleur ; il importe toujours que l'air consommé par ce poêle soit tiré de l'extérieur.

Le porche d'entrée qui couvre les deux perrons est répété du côté du jardin, pour servir de cage à l'escalier qui doit conduire au grenier, devenu maintenant assez important pour qu'il ne suffise plus d'y monter avec une échelle. (Il donne aussi une descente pour entrer dans les celliers.)

Ce grenier, lambrissé et réuni à la chambre qui est au-dessus du porche d'entrée, formera le logement des servantes et de plus la lingerie, chambre à armoire et réserve.

La laiterie n'est plus auprès de la maison, comme dans le chapitre II ; elle est devenue trop considérable, et on l'a reportée auprès de la vacherie (*voyez* le chapitre V).

Les latrines sont établies au-dessus d'une fosse régulièrement faite et maçonnée.

Enfin le cabinet du maître, ayant un jour direct le plus près possible de la porte d'entrée de la ferme, complète la parfaite convenance du logement qu'il occupe.

Cette habitation couvre, avec ses deux porches et ses appentis, 1,580 pieds de superficie.

Elle ne coûte que 15,123 fr., prix de Paris,

Ou 7,875 fr., prix commun pour la France.

(*Voyez*, pour plus ample explication, l'ensemble des idées résultant des détails exposés aux chapitres I et II.)

(*Voyez* aussi, relativement au poteau apparent dans la cuisine, l'observation contenue dans la première des deux notes qui terminent le chapitre II.)

Extrait du Devis.

ARTICLE PREMIER. *Terrasse.*

			fr.	c.
221^{m.} 90^{c.}	Cubes de terre pour déblais des fondations, jetés sur berge, roulés à un relais, le mètre à 1 fr.		221	09

A reporter . . . . . .   fr. 221   c. 09

(10)

Report 221   09

ARTICLE II. Maçonnerie.

m.	c.		fr.	c.		fr.	c.
140	91	Cubes de murs en fondations et élévation , à 17 fr. le mètre.	2395	47			
3	355	Cubes de pierre de taille, compris taille de lits et joints et pose, à 100 fr. le mètre.	335	50			
3	97	Cubes de briques pour cheminée et four, à 54 fr. le mètre	214	38			
37	14	Superficiels de briques pour tuyaux de plat, à 6 fr. le mètre.	222	84			
290	58	Superficiels de pans de bois hourdés et crépis de deux côtés, à 3 fr. le mètre.	871	74		5601	60
96	90	Superficiels d'enduit sur les murs, à 90 c. le mètre. . . .	87	21			
39	80	Superficiels d'enduit en plus-valeur sur crépis, à 30 c. le mètre.	11	94			
208	80	Superficiels de planchers hourdés et enduits par-dessus entre les solives, à 2 fr. 50 c. le mètre.	522	»			
90	00	Superficiels de lambris plafonnés sur lattis jointif, à 3 fr. 60 cent. le mètre.	324	»			
226	11	Superficiels de carrelage en grands carreaux de terre cuite, à 2 fr. 50 c. le mètre.	565	27			
		Les articles en estimation produisent.	6	25			
		Le pavage de la fosse et carrelage du four valent. . . .	25	»			
		La plus-valeur du poêle vaut.	20	»			

ARTICLE III. Charpente.

stèr.	c.		fr.	c.		fr.	c.
47	62	Cubes de bois de chêne, sapin ou peuplier, pour pans de bois, planchers et combles, à 85 fr. le stère, prix réduit.	4047	70		4479	70
		Valeur de l'escalier.	432	»			

ARTICLE IV. Couverture.

m.	c.		fr.	c.
249	64	Superficiels de couverture en tuile, à 4 fr. 50 cent. le mètre.	1123	38

ARTICLE V. Menuiserie.

	Superficiels	fr.	c.
	La menuiserie des portes, contre-vents et croisées, vaut.	590	10

ARTICLE VI. Serrurerie.

k.	g.		fr.	c.		fr.	c.
195	21	Pesant de gros fer, pour équerres, plates-bandes et étriers, à 1 franc le kilogramme.	195	22		863	32
		La ferrure des portes, croisées et contre-vents	428	10			
		Valeur de la rampe.	240	»			

ARTICLE. VII. Vitrerie.

m.	c.		fr.	c.
11	60	Superficiels de verre, à 7 fr. 50 c. le mètre..	87	01

ARTICLE VIII. Peinture.

			fr.	c.
156	78	Superficiels de peinture à l'huile : deux couches, à 1 fr., compris rebouchage.	156	78

TOTAL GÉNÉRAL 13122   98

Plan du Rez de Chaussée.

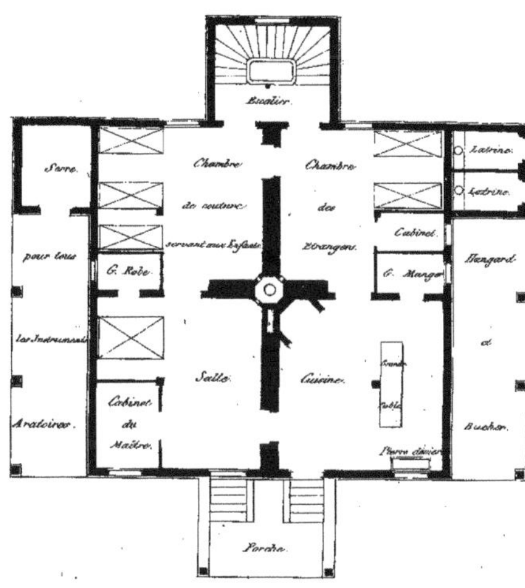

Plan des fondations et des Celliers.

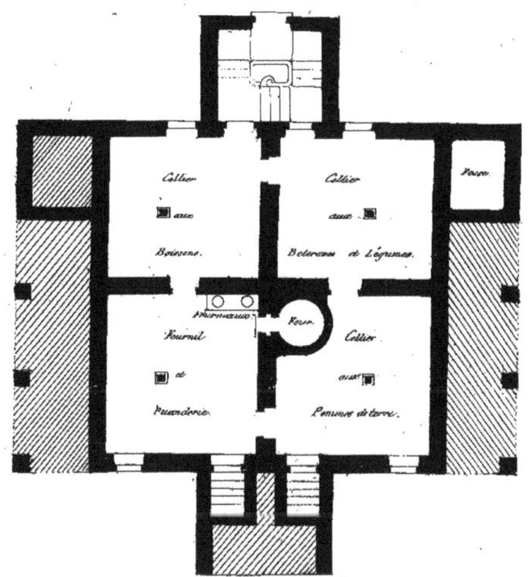

Plan du Toit.

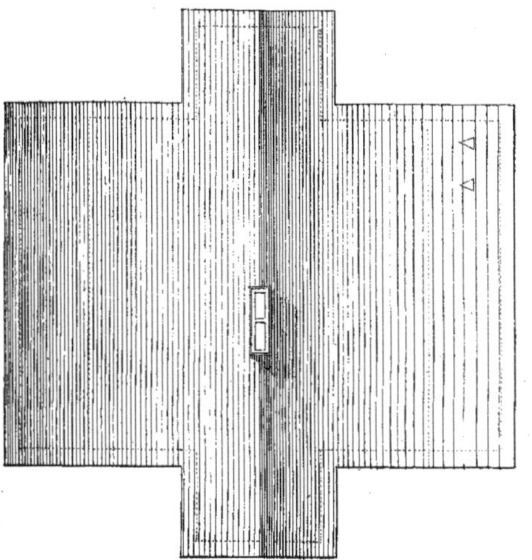

Plan du Premier Etage.

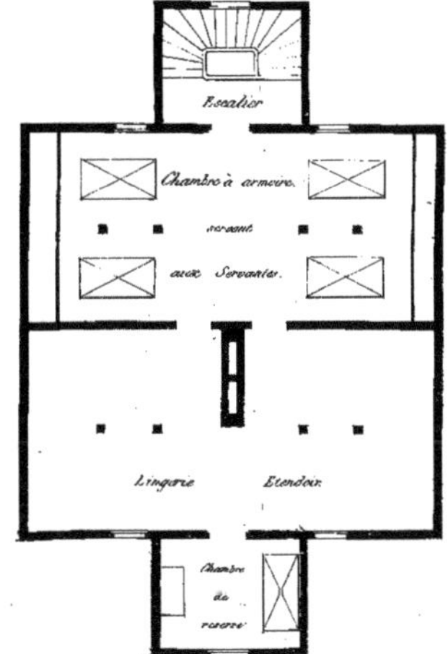

Lith. de J. Engelmann.

Elévation.

Echelle de... 3 6   9   12   24 Pieds.

Coupe sur la largeur.

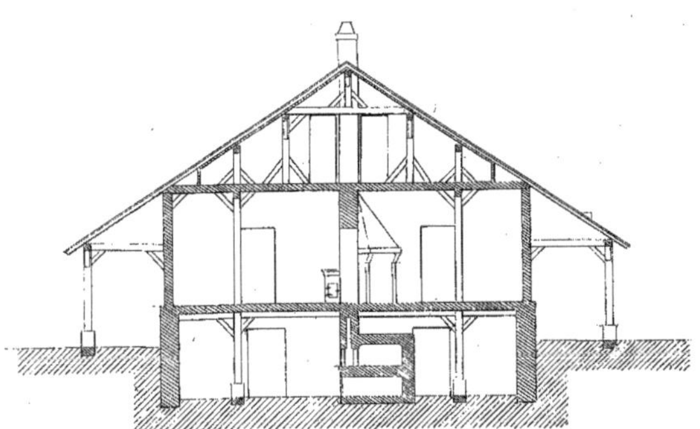

Echelle de... 1 2 3 4 5 6 7 8 Mètres.

Lith. de G. Engelmann.

Elévation latérale.

Coupe sur la Longueur.

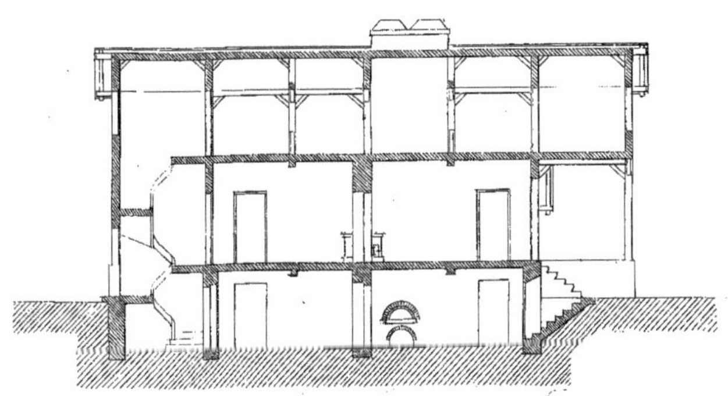

Lith. de G. Engelmann.

Chapitre Cinquième.

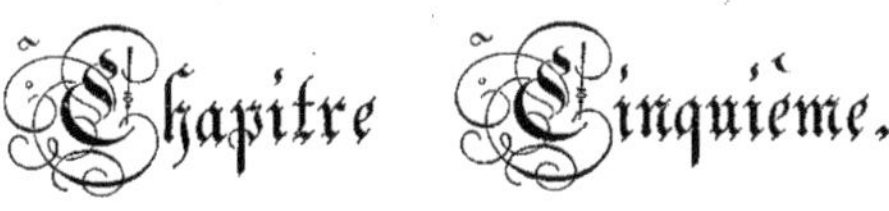

Grande Grange, Écuries, Vacheries, etc.

Voici, sous ce N°. 5, la plus grande et la plus importante de mes constructions, celle qui constitue essentiellement la ferme, celle qui, sous le plus petit espace donné (3,ooo pieds de superficie) et avec le moins de dépense possible, remplace les bâtimens les plus onéreux d'une grande ferme.

Cette seule construction, à l'aide des mulotins décrits chapitre V *bis*, donne à-la-fois toutes les granges, vacheries, laiteries, écuries, celleries, poulaillers, porcellières et colombiers.

Elle ne coûte que 10,532 francs, prix de Paris,

Ou 6,318 francs, prix commun en France.

Le plan ci-joint indiquera les nombreuses et commodes distributions de cette construction ; je l'offre avec toute confiance, comme un modèle à imiter, et c'est certainement pour l'établissement d'une ferme une immense économie.

En effet, réunir sous le même toit, avec aussi peu de dépense et de la manière la plus convenable sous tous les rapports, écurie pour douze chevaux, vacherie pour autant de bêtes bovines, laiterie, fromagerie, poulaillers, porcellières, celleries et pigeonniers, le tout autour d'une grange suffisante pour rentrer à-la-fois 6,000 gerbes de grain, qu'on peut battre sur deux aires et remplacer successivement par des quantités pareilles, c'est avoir entièrement résolu le problème de la meilleure construction au meilleur marché possible.

Quoique le plan soit fait avec un soin extrême dans ses moindres détails, je crois cependant devoir indiquer sommairement une partie des conditions de cette construction.

Les vacheries et écuries ont, chacune, 14 pieds en œuvre sur 5o pieds de long.

Les mangeoires et râteliers des écuries sont indiqués dans les meilleures dimensions.

Les auges des vacheries sont aussi cotées particulièrement dans les proportions reconnues les plus favorables aux bêtes bovines. On remarquera qu'il n'est pas donné de râteliers aux vaches, parce que ces râteliers sont inutiles ou dangereux. S'ils sont assez bas pour laisser la tête de la vache aussi basse qu'elle doit l'être, ils ne font que rétrécir et embarrasser l'auge ; s'ils sont assez hauts pour obliger la vache à lever la tête, ils causent l'avortement. (*Voyez*, à ce sujet, le chapitre IX.)

Toutes les portes des vacheries et écuries sont à barreaux de bois à claire-voie, pour y laisser toujours un courant d'air : ces écuries et vacheries ont en outre des fenêtres sur les deux aires à battre.

La cloison qui sépare le poulailler des écuries doit être à claire-voie maillée ou treillagée, pour que les pondeuses puissent profiter de toute la chaleur de l'écurie. Je ne répéterai pas ici ce que j'ai dit, à cet égard, dans la seconde remarque du chapitre III, je renvoie le lecteur à l'importante observation que j'ai consignée dans cette remarque.

L'aire à battre, ayant 12 pieds de large sur 5o de long, peut former grange au milieu et employer des batteurs par les deux bouts ; le dessus même des batteries pourrait, s'il en était besoin, recevoir des gerbes au moyen de sinots mobiles, formés de perches recouvertes de dosses ou de claies.

Au milieu de l'aire, sur ces sinots et sur les deux planchers de l'écurie et de la vacherie, l'espace pour serrer des gerbes est bien plus que suffisant pour rentrer à-la-fois deux des mulotins dont il va être question chapitre V *bis* ci-après.

Au dehors des deux extrémités de l'aire à battre et pour en garantir les entrées, sont placés deux porches, indiqués sur le plan, et qui sous leur couverture recèlent, chacun, un pigeonnier, l'un pour des bisets, l'autre pour des pigeons de volière.

Les convenances et les conditions de toutes les autres parties de cette construction sont aussi bonnes qu'on peut le désirer, et si l'on veut bien se donner la peine de méditer ce plan avec une sévère attention, je pense qu'il laissera peu de chose à désirer.

Sans doute cependant, la portion de grange que ce bâtiment renferme serait très-insuffisante pour une grande exploitation, si on ne lui donnait pas un immense supplément.

C'est ce supplément que je vais offrir dans le chapitre suivant, qui donne le détail des petites meules appelées mulotins, dont j'ai représenté ma grange entourée dans le plan général de la ferme, au chapitre VIII.

Il est reconnu en bonne économie rurale,

1°. Que le grain de meule vaut mieux que celui de grange ;

2°. Que l'étendue d'une grange doit être restreinte à l'espace nécessaire pour recevoir tout-à-la-fois une meule entière et la battre.

C'est d'après ce principe que j'ai combiné la grange que je viens de décrire, avec les mulotins, dont je vais donner la construction.

Nota. Il faut observer, en terminant cet article, que le bâtiment qu'il décrit est composé de cinq travées de 10 pieds d'épaisseur sur 56 pieds de large, le tout faisant, sans les porches, 50 pieds sur 56, soit 2,800 pieds ; chacune de ces cinq travées couvre donc 560 pieds de superficie : or, une fois les deux pignons et les deux porches établis, chaque travée de plus ne coûterait que le sixième de la dépense totale première,

Soit 1,750 francs, prix de Paris,

Ou 1,050 francs, prix commun en France.

Ainsi, pour cette modique somme une ou plusieurs fois répétée, on pourrait augmenter ce bâtiment autant qu'on le désirerait.

OBSERVATION.

Dans les cas assez rares où l'on aurait besoin d'avoir des écuries ou des étables d'une beaucoup plus grande étendue, le même système de bâtiment serait facilement applicable. Il suffirait de supprimer tout ce qui, dans le plan général de ce chapitre, forme grange entre les écuries et les vacheries, et de rapprocher celles-ci l'une de l'autre avec une seule cloison de charpente entre deux ; puis on supprimerait les appentis qui règnent au long des deux costières (sauf à en conserver dans quelques points, suivant le besoin qu'on pourrait en avoir) ; enfin on profiterait de la suppression de ces appentis pour ouvrir des jours directs dans les costières des écuries et étables. On aurait ainsi, séparément et à peu de frais, autant de ces locaux qu'on en pourrait désirer.

J'ajoute que cette manière de mettre les bêtes cavalières ou bovines sur deux rangs avec les têtes opposées, est certainement la plus économique de toutes ; elle convient également bien, soit que l'on ait à loger des bêtes d'une seule ou de deux espèces.

Le bâtiment qui résulte de cette disposition, étant à deux égouts, acquiert toute la solidité désirable et est préférable à tout autre, au moins dans le système de construction qui sert de base générale au présent ouvrage.

Ce bâtiment, ainsi diminué de surface et de hauteur, ne coûterait qu'environ le tiers de celui dont je donne le plan dans ce chapitre : ainsi, pour chaque travée de 10 pieds de long, logeant largement quatre animaux, on n'aurait, au plus, à dépenser que la modique somme

De 585 francs, prix de Paris,

Ou 351 francs, prix commun en France.

Si l'on m'objectait que dans les écuries et étables que je conseille il y a insuffisance de greniers, je répondrais que ce n'est point dans ces bâtimens que j'entends placer les provisions de fourrage, et que ces provisions doivent être dans des fœnières, à part. En effet, je crois qu'il est à-la-fois plus coûteux et moins bon de surhausser les écuries et les étables pour y monter les fourrages, que de les loger dans des hangars séparés, ainsi que je l'ai indiqué aux chapitres III et VI, et même au chapitre V *bis*.

Pour mieux faire comprendre les écuries et étables ainsi extraites du grand bâtiment général, j'en donne ici un plan avec coupe et étude de charpente. J'ai supposé dans ce plan le nombre des travées borné à cinq, comme dans le plan général ; on peut, à volonté, réduire ou étendre ce nombre.

Extrait du Devis.

Article premier. *Terrasse.*

32ᵐ 30ᶜ Cubes de terre : pour déblais des fondations jetés sur berge, roulés à un relais, à 1 fr. le mètre. 32ᶠʳ 30ᶜ

Article II. *Maçonnerie.*

27 34 Cubes de murs en fondations et élévation, à 17 fr. le mètre, produisent. 464ᶠʳ 78ᶜ

1 63 Cubes de pierre de taille, compris taille des lits et joints et pose, à 100 fr. le mètre. 163 00

15 33 Superficiels de taille de paremens rustiqués, à 3 fr. 50 c. le mètre. 53 66

688 83 Superficiels de pans de bois hourdés et crépis des deux côtés, à 3 fr. le mètre. 2066 49

174 06 Superficiels de planchers en torchis, enduits par-dessus et par-dessous entre les solives, à 1 fr. 10 c. le mètre. . 191 47

} 2939 40

Article III. *Charpente.*

43 57 Cubes de bois pour pans de bois, planchers et combles, à 85 fr. le stère. . . 3703 45

Article IV. *Couverture.*

428 11 Superficiels de couverture en tuile, à 4 fr. 50 c. le mètre. 1926 50

Article V. *Menuiserie.*

La Menuiserie des portes, contrevents, volets et croisées vaut 713 66

Article VI. *Serrurerie.*

37ᵏ 50ᵍ Pesant de gros fer pour équerres liant les assemblages de la charpente, à 1 fr. le kilogramme. 37ᶠʳ 50ᶜ

La ferrure des portes, croisées, volets et contrevents. . . 529 85

} 567 35

Article VII. *Vitrerie.*

6ᵐ 72ᶜ Superficiels de verre, à 7 fr. 50 c. le mètre 50 40

Article VIII. *Peinture.*

184 34 Superficiels de peinture à l'huile à deux couches, compris rebouchage, à 1 fr. le mètre. 184 34

Article IX. *Accessoires.*

Tels que râtelier, mangeoire et auge, ensemble valant. 413 79

Total général. 10531ᶠʳ 19ᶜ

PRINCIPALE GRANGE, ECURIE ET VACHERIE &c.
OU DÉPENDANCES DE LA GRANDE FERME.

Plan du rez de Chaussée.

Levant.

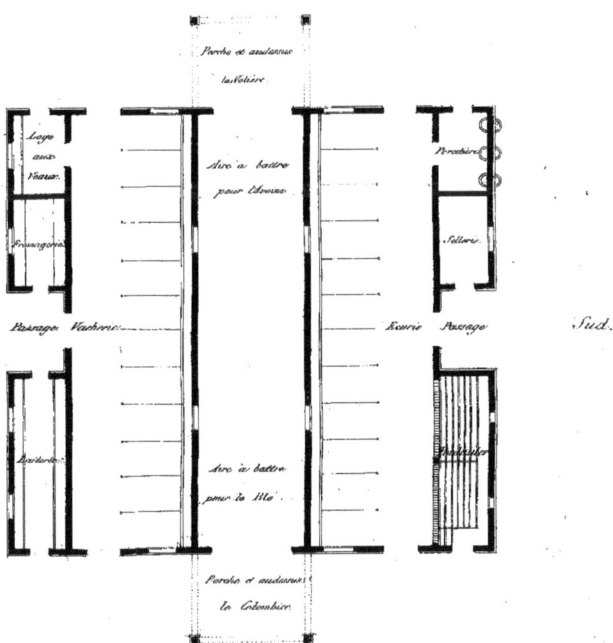

Couchant.

Echelle de ( ) 6   12   18   24 Pieds.

Echelle de 1 2 3 4 5 6 7 8 Mètres.

Lith. de G. Engelmann.

GRANDE FERME.

PRINCIPALE GRANGE, ÉCURIE ET VACHERIE &c.
OU DÉPENDANCES DE LA GRANDE FERME.

Plan des Fondations.

Echelle de ______ 6 ____ 12 ____ 18 ____ 24 Pieds.

Echelle de ____ 1 __ 2 __ 3 __ 4 __ 5 __ 6 __ 7 __ 8 Mètre.

GRANDE FERME.

PRINCIPALE GRANGE, ÉCURIE ET VACHÉRIE &c.

OU DÉPENDANCES DE LA GRANDE FERME.

Plan et détail du Plancher.

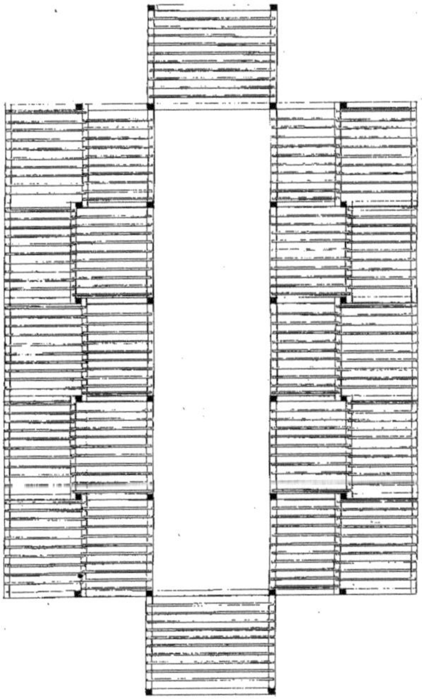

Échelle du 1:2345 ... 10 ... 15 ... 20 Pieds.

Échelle de ... 1 ... 2 ... 4 ... 6 ... 8 ... 7 ... 8 Mètres.

Lith. de G. Engelmann.

GRANDE FERME.

PRINCIPALE GRANGE, ECURIE ET VACHERIE &c.
OU DÉPENDANCES DE LA GRANDE FERME.

Elévation.

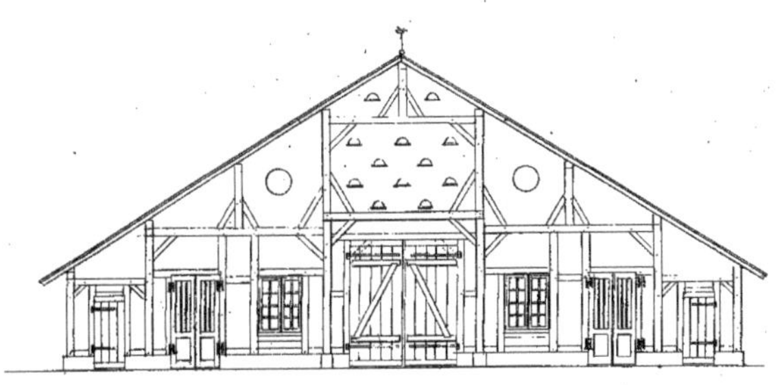

Echelle de 3 2 1 0 2 Pieds.

Echelle de 0 2 3 4 5 6 7 8 Mètres.

Coupe sur la Largeur.

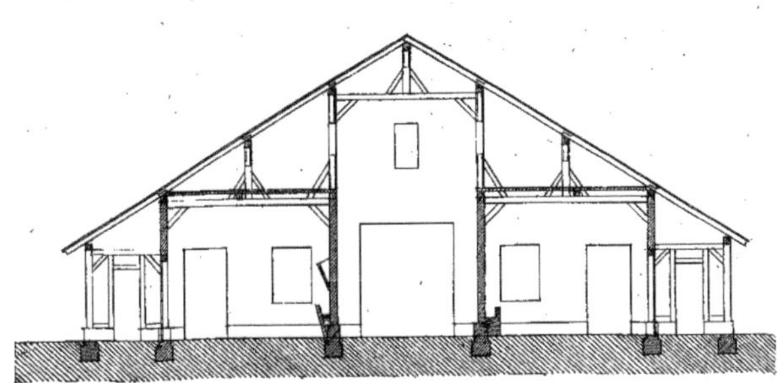

Echelle de 3 2 1 0 2 Pieds.

Echelle de 0 2 3 4 5 6 7 8 Mètres.

Lith. de G. Engelmann.

GRANDE FERME.

PRINCIPALE GRANGE ÉCURIE ET VACHERIE &c.
OU DÉPENDANCES DE LA GRANDE FERME.

Elévation Latérale.

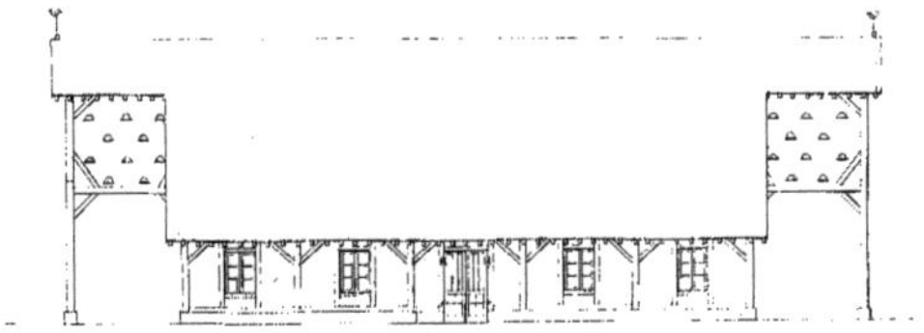

Echelle de 1:2:3:4:6 12 18 24 Pieds
Echelle de 1 2 4 5 6 2 8 Mètres

Lith. de G. Engelmann.

GRANDE FERME.

PRINCIPALE GRANGE, ÉCURIE ET VACHERIE &c.
OU DÉPENDANCES DE LA GRANDE FERME.

Coupe sur la Longueur.

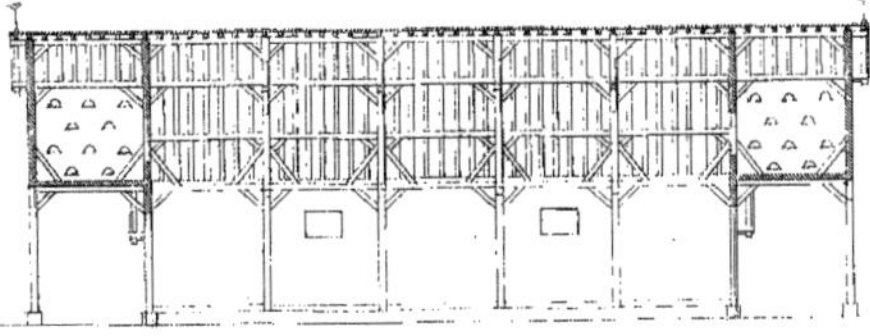

Échelle de .... Pieds.

Échelle de .... Mètres.

Lith. de G. Engelmann.

PRINCIPALE GRANGE, ECURIE ET VACHERIE &c.
OU DÉPENDANCES DE LA GRANDE FERME.

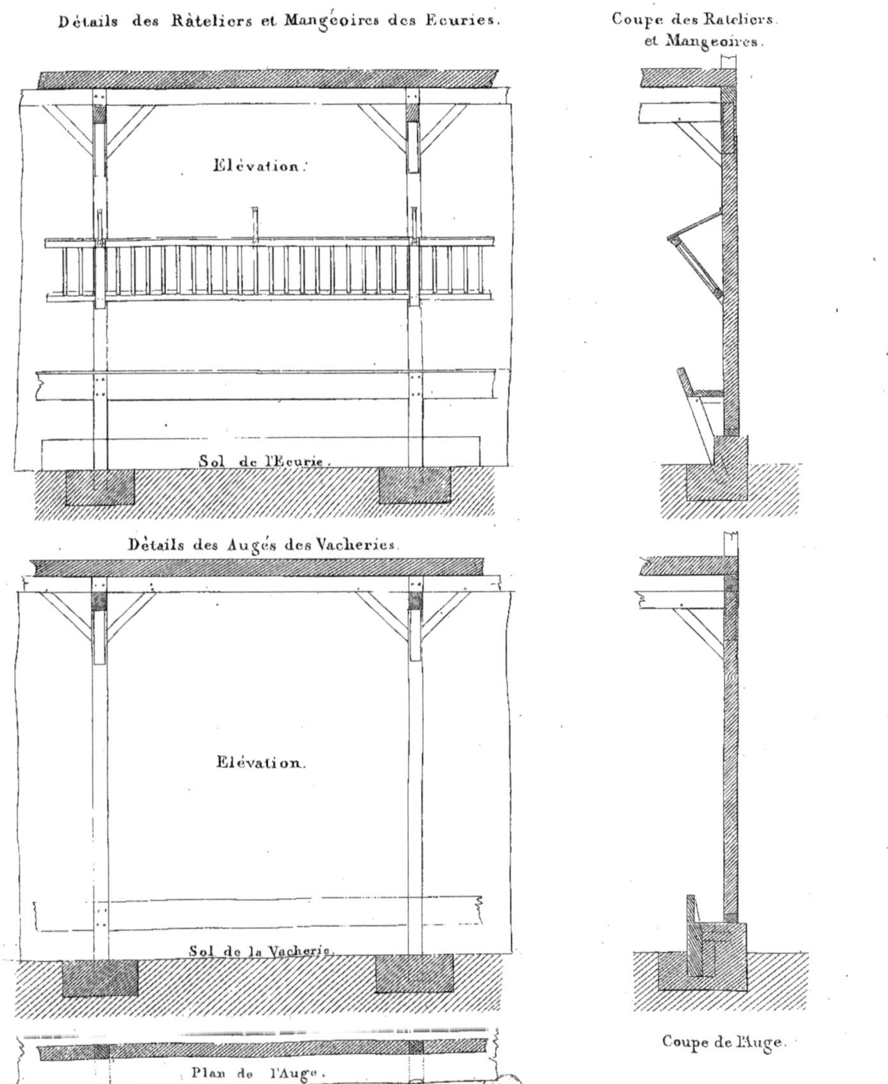

GRANDE FERME.

PRINCIPALE GRANGE, ÉCURIE ET VACHERIE &c.
OU DÉPENDANCES DE LA GRANDE FERME.

Coupe en grand sur la Largeur.

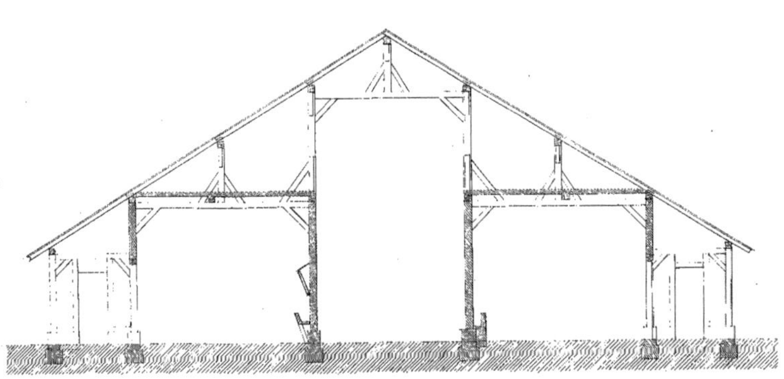

GRANDE FERME.
ÉCURIE ET VACHERIE.

Plan.

Élévation.

Échelle de . . . 2 . . . . 4 . . . . 6 . . . . 8 Pieds.

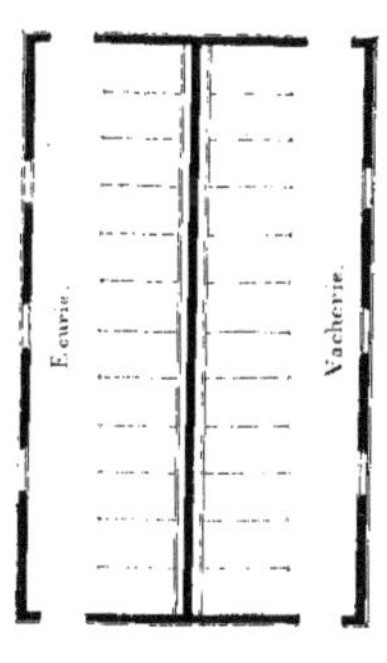

Coupe.

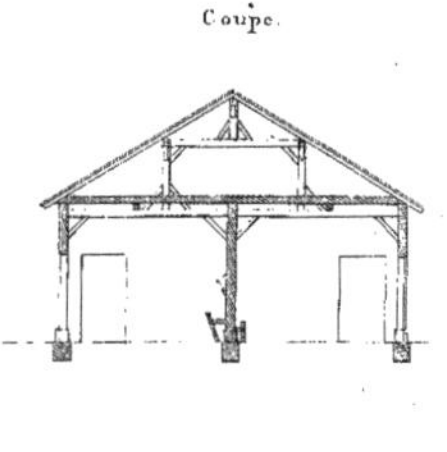

Échelle de . 1 . 2 . 3 . 4 . 5 . 6 . 7 . 8 Mètres.

Lith. de G. Engelmann.

Chapitre Cinquième (bis).

Les Mulotins.

Autour de la grange générale doivent être placés des mulotins en nombre suffisant pour y déposer les récoltes non battues et recevoir ensuite les pailles battues ; ce qui les conserve fraîches. Le plan général de la ferme, au chapitre VIII, représente la grange générale accompagnée de ses mulotins.

Ces mulotins doivent être assez petits pour que chacun puisse entrer tout entier dans la grange pour y être battu.

La grange peut contenir six mille gerbes ; on doit y faire entrer à-la-fois, pour les battre en même temps, un mulotin de blé par un bout, et par l'autre un mulotin d'avoine ; chaque mulotin ne doit donc être que de trois mille gerbes.

Un mulotin de 12 pieds carrés ou 12 pieds de diamètre sur environ 20 pieds de haut contient au moins trois mille gerbes ; c'est donc cette dimension qu'il faut leur donner.

Il y a trois manières de faire les mulotins :

La première, sur la terre même.

A cet effet, on trace un cercle de 12 pieds de diamètre ; autour de ce cercle, on creuse un fossé de 2 à 3 pieds de profondeur, dont on rejette les terres sur le terre-plein du centre, destiné à recevoir les gerbes (*voyez* fig. 1). Sur ce terre-plein ainsi surchargé et bien battu, on établit d'abord pour soutrait un lit de fagots ; puis on construit la meule, et on la monte de 18 à 20 pieds dans la forme ordinaire, puis on couvre en paille, ainsi que le représente la figure N°. 2. Les frais de cette petite meule à terre sont de 60 francs, prix de Paris, ou 36 francs, prix commun en France.

La seconde manière de faire le mulotin, dite *à l'américaine*, est de l'établir carrément sur cinq pieux de charpente de 2 pieds de haut au-dessus du sol, dont quatre aux quatre angles et un au milieu ; d'assurer sur ces pieux un châssis carré (les ronds seraient trop chers) avec croix de Saint-André au milieu, ainsi que le représente la figure 3 ; puis de mettre sur le tout des perches et des fagots pour faire un plancher, sur lequel on monte la meule. Ce genre de mulotin n'a d'autre avantage que d'éviter le rat et la souris, parce qu'on garnit le haut de chacun des cinq pieux d'un cône en fer-blanc, en forme d'entonnoir renversé, lequel, mis aux cinq pieux, défend entièrement la meule de toute vermine. (*Voyez* ces cônes, figure 4, lettres A A A.)

Les frais de ces meules à l'américaine sont d'environ 130 francs, prix de Paris, ou 80 fr., prix commun en France.

La troisième manière de faire les mulotins, dite *à la hollandaise*, est

1°. De faire un châssis pareil à celui de la seconde manière ;

2°. De placer toujours les cônes renversés aux cinq supports ;

3°. De substituer aux quatre pieux des angles des poteaux en bois blanc, de 25 pieds de hauteur, bien consolidés par le bas avec des liens et sans écartement par le haut, au moyen d'une croix de Saint-André, qui les couvre en chapeau et les retient. (*Voyez* figures 5 et 6.)

Les gerbes se tassent entre ces quatre poteaux.

Au centre de la croix de Saint-André du haut, est une poulie, à laquelle est suspendu un toit léger en charpente de bois blanc, couvert de paillassons serrés comme les couvercles de cuves : on peut le peindre à l'huile ou le goudronner pour le conserver. (*Voyez* figures 7 et 8.) On pourrait au lieu de ces nattes de cuves employer des toiles rendues imperméables par l'application de quelque cire, bitume ou mastic.

Ce toit monte et descend à volonté, au moyen d'une corde passée dans la poulie du centre de la croix de Saint-André du haut (*voyez* figures 5 et 8, lettre B) ; puis de là cette corde passe dans une autre poulie, placée au sommet d'un des quatre poteaux montant de fond (*voyez* figures 5 et 8, lettre C), et enfin elle vient s'engager, à portée de l'homme à terre, sur un petit treuil bien fixé à ce même poteau. (*Voyez* figure 5, lettre A.)

Pour soulager la corde lorsque le toit est à la hauteur qu'on veut, on le soutient avec des fiches de

6

bois, qu'on enfonce dans des trous préparés dans les poteaux, à hauteurs égales. Ces mêmes trous de tarière et les mêmes fiches de bois servent, à volonté, d'échelons pour monter après les poteaux. Le toit a une forte saillie au-delà des poteaux; mais il coule le long de ces poteaux, étant dirigé par quatre grandes entailles ménagées dans les quatre angles saillans de son enrayure. (*Voyez* figure 5, lettres D D.)

Cette dernière forme a l'avantage de pouvoir refaire, tous les ans, la meule plus ou moins haute à volonté, de pouvoir la diminuer par parties sans l'enlever tout-à-la-fois, et d'éviter de faire la couverture en paille; elle coûte 432 francs, prix de Paris, ou 258 francs, prix commun en France.

J'ai présenté ces trois moyens au choix des cultivateurs; mais après avoir bien calculé les pertes et frais des trois moyens, j'en suis revenu à préférer le premier (c'est-à-dire la meule sur terre), comme le plus simple et le plus facile. J'ai reconnu que les petits frais annuels de ces meules sur terre étaient bien moins considérables que les avances et les réparations qu'exigent les autres; j'ai éprouvé que les inconvéniens principaux étaient à-peu-près nuls, puisqu'on enlève le mulotin tout entier et à-la-fois pour le porter dans la grange à battre; et suivant le but de cet ouvrage, qui est de faire le mieux possible au meilleur marché possible, je crois devoir conseiller de n'entourer le hangar général que de simples mulotins sur terre (figures 1, 2 et 2 *bis*.)

Au reste, quel que soit celui de ces mulotins que l'on choisisse, on aura toujours rempli parfaitement l'intention de leur établissement, qui a pour but d'en faire le supplément et le complément de la grange, et de dispenser de constructions bien plus onéreuses.

On observera que pour garantir ces mulotins de l'attaque des chevaux et des bestiaux, il suffit, lorsqu'ils ne sont pas dans une cour séparée, de les entourer de quelques claies de parc, que l'on fixe à 3 pieds de distance.

Extrait du Devis.

Châssis pour les Mulotins dits à l'Américaine.

0	86	Cubes de charpente, à 85 fr. le stère.	73	10
		Pour les quatre cônes en fer-blanc, ci.	6	00
		Couverture de nattes en paille, estimée.	50	00
		Total général	129	10

Mulotin dit à la Hollandaise.

3	52	Cubes de charpente, à 100 fr. le stère.	352	00
		Pour quatre cônes en fer-blanc, estimés.	6	00
		Pour un tire-fond à plate-bande, estimé.	3	00
		Pour corde	3	00
27	00	Superficiels de nattes en paille, pour couverture, à 2 fr. 50 c. le mètre, ci.	67	50
		Total général.	431	50

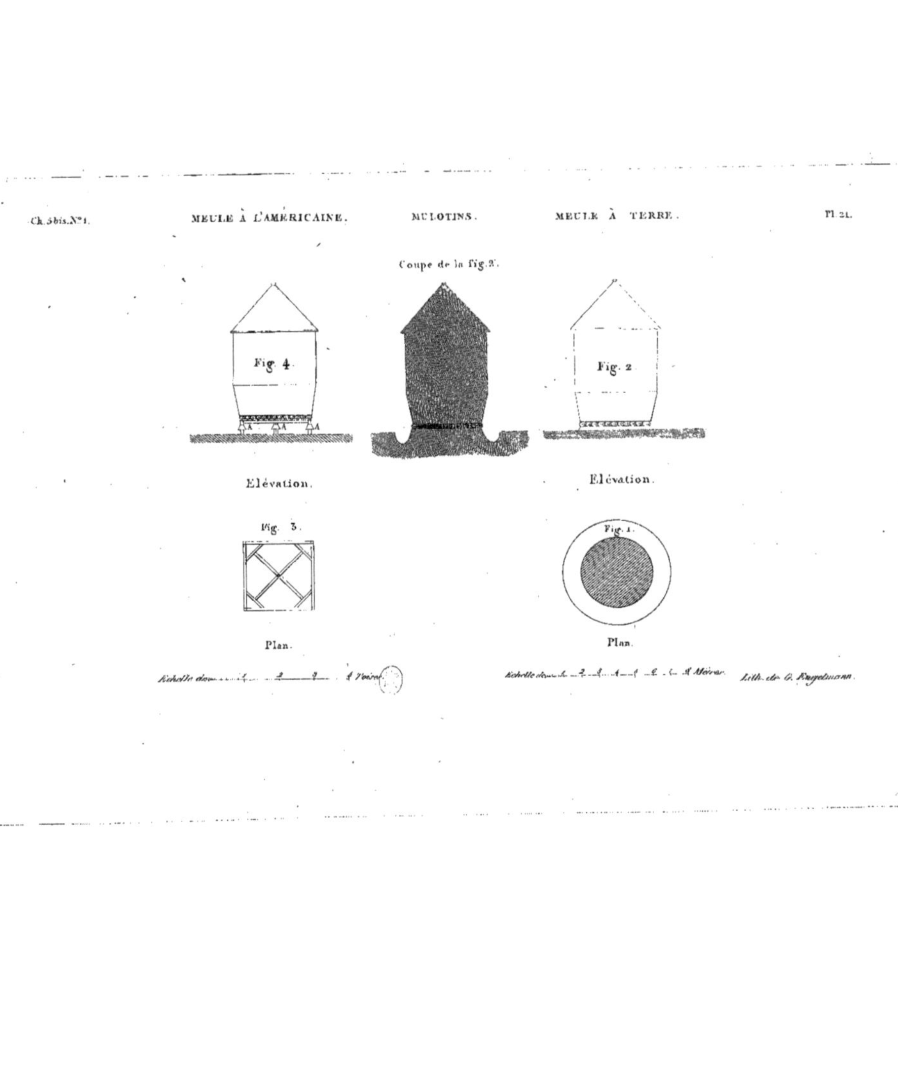
Coupe de la fig.2.
Fig. 4.
Fig. 2.
Élévation.
Élévation.
Fig. 3.
Fig. 1.
Plan.
Plan.
Echelle de......1....2....3....4 Toises.
Echelle de.....1....2....3....4....5....6 Mètres.
Lith. de G. Engelmann.

MEULE À LA HOLLANDAISE PERFECTIONNÉE.

Figure 5.

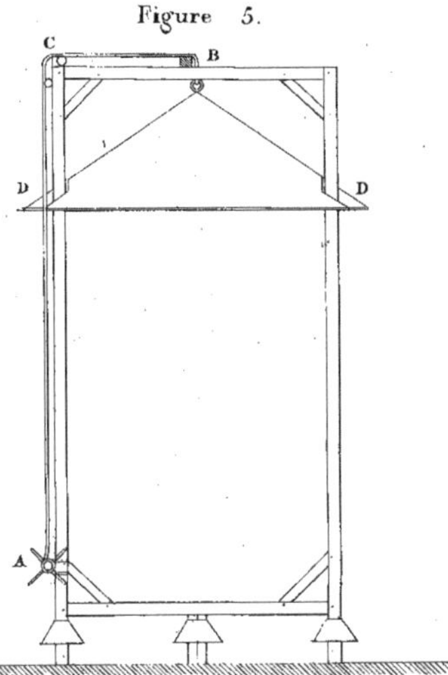

Figure 8.

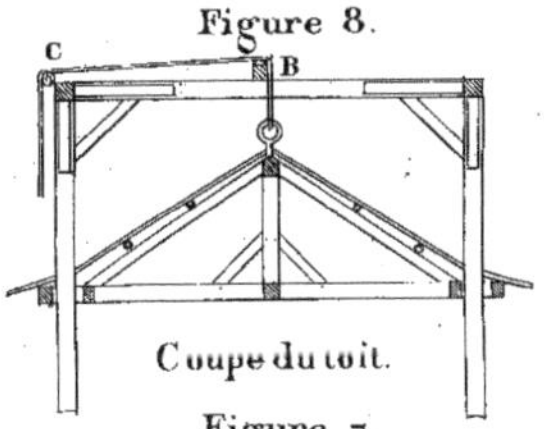

Coupe du toit.

Figure 7.

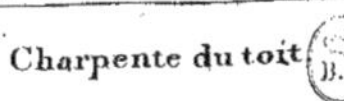

Figure 6.

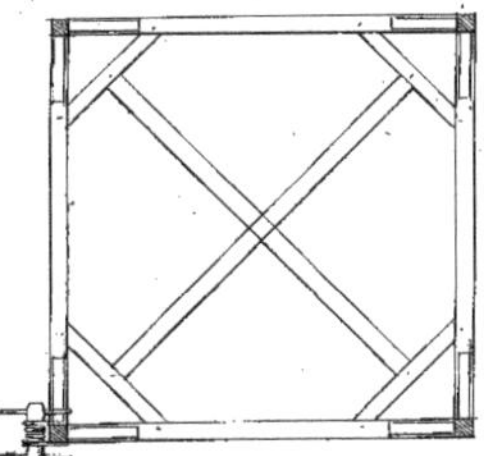

Charpente du toit.

Croix de St André du haut.

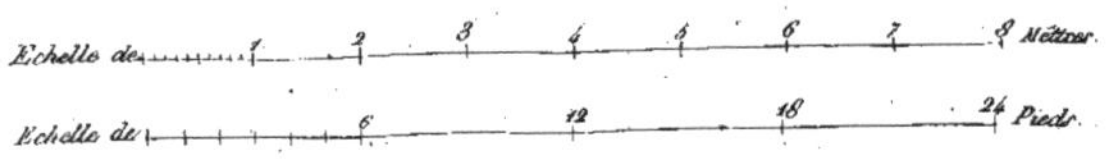

Echelle de ......1 2 3 4 4 6 7 ? Mètres.

Echelle de .... 6 12 18 24 Pieds.

Lith. de C. Engelmann.

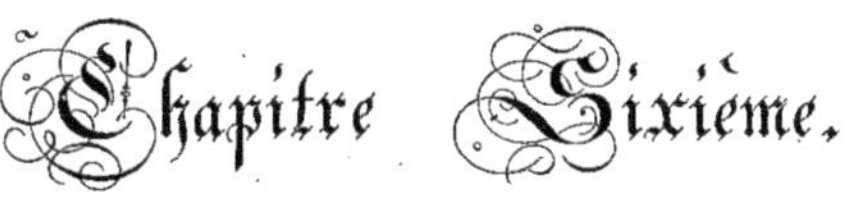

Chapitre Sixième.

Greniers à Grains, Hangars, Fœnières.

Outre sa grange, le fermier d'une grande exploitation a encore besoin

  1°. De serrer ses grains ;

  2°. De serrer des fourrages ;

  3°. De placer ses voitures.

C'est pour remplir ces destinations que l'on propose la construction détaillée chapitre VI : c'est, extérieurement, le même bâtiment que celui décrit chapitre V ; mais il en diffère par ses distributions intérieures, ainsi qu'on le verra par le plan ci-joint.

Ces distributions donnent, au rez-de-chaussée, un immense hangar de 10 pieds d'élévation, propre à rentrer d'abord les voitures, puis toute espèce de fourrages ou objets d'industrie, si le fermier joint quelque commerce à l'exploitation de sa ferme.

Ce hangar pourrait même, au besoin, en planchéiant son rez-de-chaussée en tout ou en partie, y recevoir des grains battus ou des farines, ou toutes autres denrées qui exigeraient des soins de conservation.

Au-dessus de ce hangar, est un grenier à grain de la même étendue et de 7 pieds d'élévation, puis au-dessus encore un second grenier à grain, qui occupe le reste de l'espace jusqu'au faîte.

On monte dans ces deux greniers au moyen d'échelles de meunier et de trappes placées intérieurement.

Une machine fort simple et commode, dont on va donner la figure et la description, élève les sacs de grain dans ces deux greniers, et ce bâtiment (avec la bergerie qu'on va donner dans la planche suivante) complète entièrement tout ce qui est nécessaire à la grande ferme.

Je n'ai donné à ce bâtiment que 30 pieds de profondeur en œuvre, parce que ces 30 pieds, multipliés par les 50 pieds de face en œuvre, donnent 1,500 pieds de superficie couverte ; ce qui est largement suffisant pour une ferme de deux à trois charrues. Si la ferme était plus forte, ou si l'exploitant avait besoin de plus de hangars et de greniers, on augmenterait la profondeur de ce bâtiment d'une ou plusieurs travées de 10 pieds chaque en œuvre ; ce qui ferait, par chaque travée, 500 pieds de superficie de plus ; on aurait ainsi ce qui serait nécessaire, et à peu de frais ; car chaque travée ne coûte qu'environ 1,400 francs, prix de Paris, et 840 francs, prix commun en France.

Le bâtiment entier, tel qu'il est indiqué par les plans ci-joints,

Coûte 5,885 francs, prix de Paris,

Soit 3,521 francs, prix commun en France.

DESCRIPTION, DEVIS ET FIGURE DE LA MACHINE

POUR MONTER LES SACS DE GRAINS.

(Voyez, à la fin de ce Chapitre, les Planches détaillées qui suivent les Plans du Hangar.)

Nota. C'est à mon bien ancien ami, M. Girard, membre de l'Académie des sciences, que je dois les plans et détails que je vais donner ; il a bien voulu en enrichir mon ouvrage, et je me plais à lui en témoigner ici ma reconnaissance ; c'est lui qui va parler dans la description suivante :

1°. Le treuil pour élever les sacs de grain depuis le rez-de-chaussée du hangar jusqu'à l'étage supérieur des greniers, est composé d'un cylindre horizontal en bois de 20 centimètres de diamètre et de 50 centimètres de longueur.

2°. Ce cylindre porte, à chaque bout, un axe ou essieu en fer, lequel entre dans une crapaudine attachée par des boulons ou des étriers également en fer au-dessous de deux chantiers de bois horizontaux, de 2 mètres de longueur sur 14 centimètres d'équarrissage.

7

3°. Ces deux chantiers sont supportés chacun par deux poteolets ou montans, de 70 centimètres de hauteur verticale, lesquels sont distans entre eux d'un mètre 60 centimètres de milieu en milieu.

4°. Ils sont assemblés à tenons et mortaises dans deux semelles inférieures, des mêmes dimensions que les deux chantiers horizontaux dont il a été parlé (art. 2), et soutenus par de petites jambes de force qui en empêchent le déversement d'un côté ou de l'autre.

5°. Ces semelles sont liées entre elles à leurs abouts par deux traverses de charpente du même équarrissage.

6°. L'équipage qui porte l'arbre de treuil forme, comme on voit, une espèce de bâtis ou traîneau mobile, que l'on peut fixer à volonté sur un point quelconque du plancher supérieur.

7°. Pour mettre l'arbre du treuil en mouvement à l'aide d'un seul homme, il sera adapté à son axe une roue dentée en fonte de fer, de 60 centimètres de rayon, et qui portera 108 dents à sa circonférence.

8°. Cette roue engrènera dans un pignon de 35 millimètres de rayon et dont les ailes seront au nombre de 7.

9°. Au moyen d'une manivelle de 40 centimètres de volée, qui s'ajustera au carré de ce pignon, un seul homme pourra aisément élever un poids de 500 kilogrammes.

10°. Pour prévenir les accidens auxquels on serait exposé si, pendant la manœuvre de ce treuil quelque pièce venait à manquer, il sera adapté à l'une de ses extrémités un encliquetage avec une dent-de-loup.

11°. On pourra, au besoin, adapter un volant à l'extrémité opposée de l'arbre du treuil.

12°. Ce treuil sera placé, comme le plan général l'indique, contre l'un des poteaux montans de la travée du milieu du bâtiment et dans son étage supérieur.

13°. Les ouvertures ou trappes par lesquelles les grains seront élevés seront pratiquées dans les planchers, les unes au-dessus des autres, de manière que leur milieu corresponde exactement au milieu de la longueur du treuil.

14°. Une poulie de renvoi sera fixée, au-dessus de la trappe de l'étage supérieur, à une traverse de bois horizontale, soutenue par la charpente du comble : cette poulie pourra glisser sur son axe comme la planche l'exprime, de manière que la corde à laquelle le fardeau sera suspendu se trouve toujours dans un plan vertical, à mesure qu'elle s'enroulera sur le treuil.

15°. Le prix de ce treuil et de son engrenage, ainsi que du bâtis de charpente qui le supporte, pourra varier suivant le plus ou moins de soins qu'on apportera à son exécution; mais on ne pense pas que cette dépense s'élève au-dessus de 4 ou 500 francs pour Paris et de 300 francs, prix commun en France.

OBSERVATIONS.

La machine que M. Girard a dessinée et décrite présente d'immenses avantages, par la facilité qu'elle donne de monter presque sans frais et par là force d'un seul homme tous les objets que l'on peut désirer déposer dans les magasins que contient le hangar décrit dans le présent chapitre VI.

Si le prix de cette machine paraît un peu élevé, je prie que l'on considère

1°. Qu'elle est d'une parfaite solidité et peu exposée à de grandes réparations;

2°. Que son prix n'est qu'une première mise, que l'on regagne immensément par l'économie des bras.

En effet, que l'on compare les 20 ou 25 francs d'intérêt annuel que représente le prix de la machine, avec la valeur des journées d'hommes nécessaires pour monter *à dos* dans les greniers les mêmes fardeaux que la machine y peut élever par les bras d'un *seul homme*, et l'on verra que le capital même de la machine sera retrouvé en bien peu de temps.

Au surplus, rien n'oblige à établir cette machine, et si le maître aimait mieux employer les forces de ses domestiques, il en aurait toujours la faculté, au moyen des trappes et des échelles de meunier disposées d'étage en étage.

Extrait du Devis.

Article premier. *Terrasse.*

La fouille et déblai des terres pour les fondations, estimés. . . . . 6 fr. 00 c.

Article II. *Maçonnerie.*

5 m.	19 c.	Cubes de mur en fondations et élevation, à 17 fr. le mètre,	88 fr.	23 c.		
1	11	Cubes de pierre de taille, compris taille des lits et joints, paremens rustiqués et pose, à 100 fr. le mètre. . . .	111	00	448	86
83	21	Superficiels de pans de bois hourdés et crépis des deux côtés, à 3 fr. le mètre.	249	63		

Article III. *Charpente.*

29 41 Cubes de bois pour pans de bois, planchers et comble, à 85 fr. le stère. 2499 85

Article IV. *Couverture.*

238 61 Superficiels de couverture en tuile, à 4 fr. 50 c. le mètre. 1073 75

Article V. *Menuiserie.*

8	59	Superficiels de portes pleines, à 6 fr. le mètre.	51 fr.	54 c.		
286	76	Superficiels de planchers en sapin rainés et parementés, à 6 fr. le mètre, produisent.	1720	56	1772	10

Article VI. *Serrurerie.*

25 k.	00 g.	Pesant de gros fer, pour équerres liant les assemblages de charpente, à 1 fr. le kilogramme	25	00		
		Pour la ferrure des portes, ci.	60	00	85	00

Total général . . . . 5885 fr. 56 c.

Plan du deuxième Plancher.

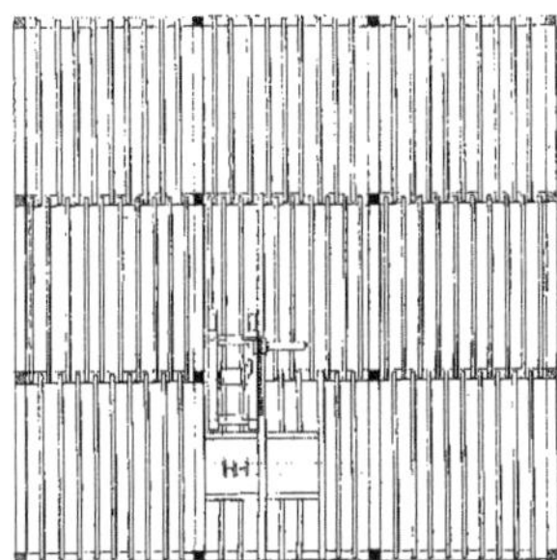

Plan du Rez-de-Chausée.

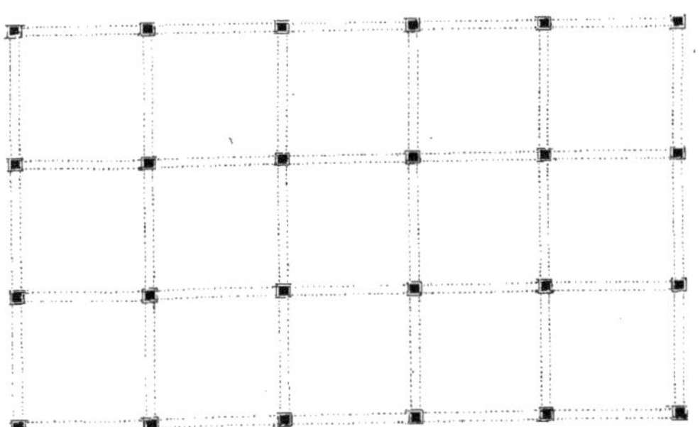

Echelle de ... Pieds.

Echelle de ... Mètres.

Lith. de G. Engelmann.

Elévation.

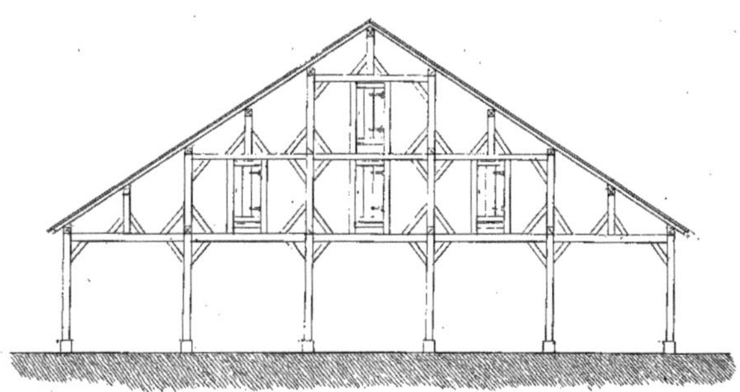

Coupe

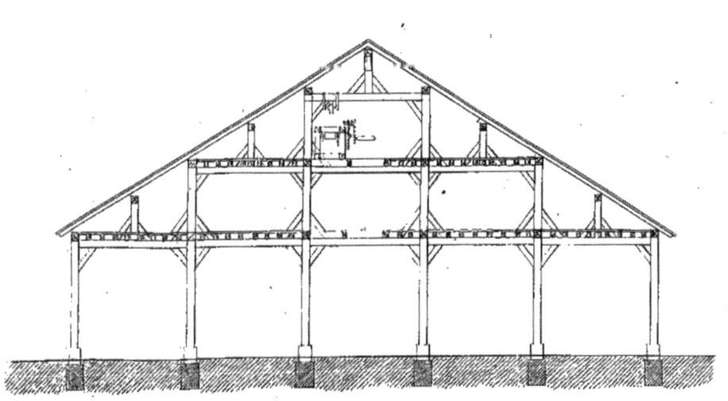

Echelle de ... Pieds.

Echelle de 1 2 3 4 5 6 7 8 Mètres.

Lith. de G. Engelmann.

Elevation Laterale.

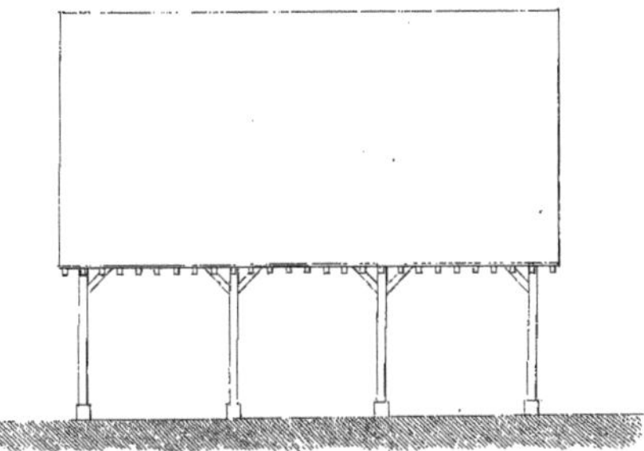

Coupe Laterale

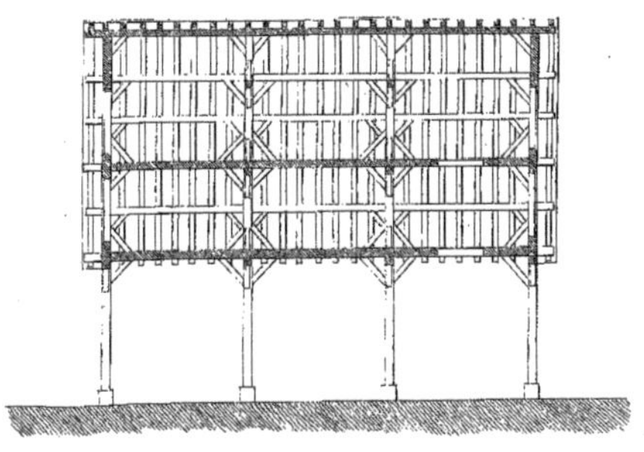

Echelle de 1 2 3 4 5 6   12   18   24 Pieds.

Echelle de 1 2 3 4 5 6 7 8 Mètres.

Lith. de G. Engelmann.

Elévation.

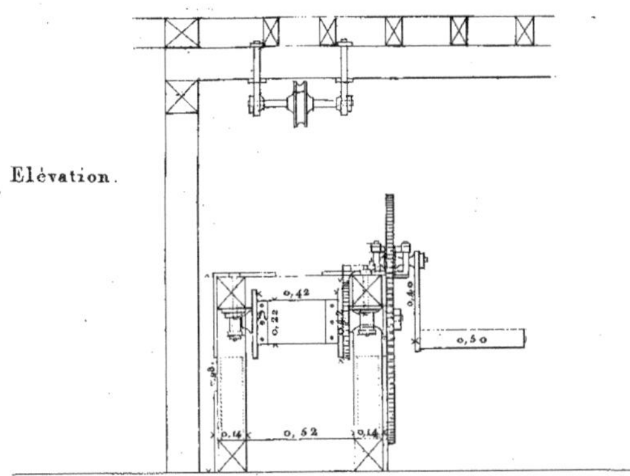

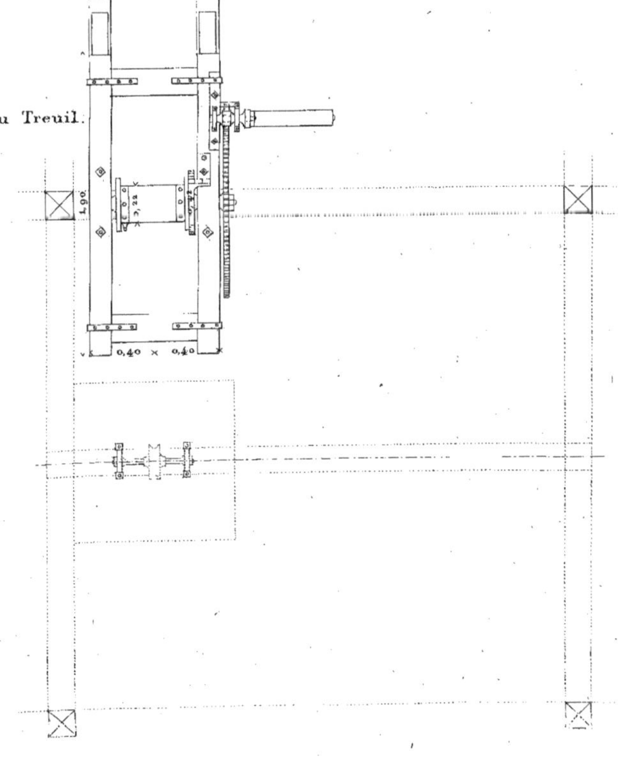

Profil.

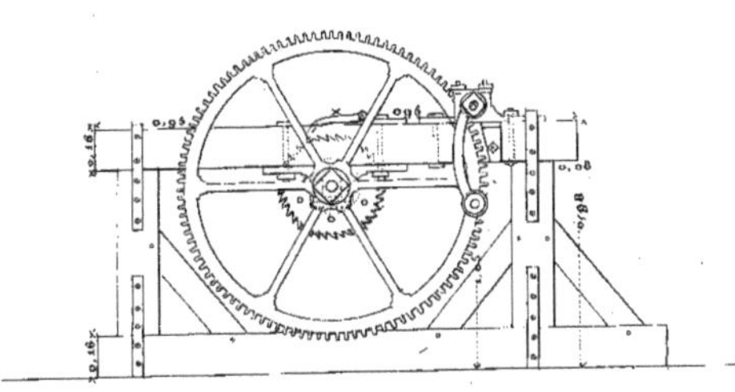

Nombre des Dents.

Grande Roue ... 108.
Pignon ... 7.

Distance des Centres.

0.ᵐ 635.

Lith. de G. Engelmann.

JE place dans ce chapitre la bergerie, telle qu'elle a été exécutée à la Celle Saint-Cloud, en 1809, et que je l'ai publiée en 1819.

J'ajouterai seulement que la dépense de 4,713 francs 8 centimes, à laquelle le devis porte sa construction, est calculée sur les prix de Paris, et que le prix commun en France ne doit être estimé qu'à 2,820 francs.

Si l'on voulait augmenter cette bergerie d'une ou plusieurs travées, chaque travée de plus ne coûterait, prix de Paris, que la somme de 575 francs, et, prix commun en France, 345 francs.

Cette bergerie, depuis quatorze ans de service, n'a pas présenté un seul inconvénient, ni même éprouvé le besoin de la moindre réparation.

L'objet que je me suis proposé en faisant construire cette bergerie, a été qu'elle pût servir de modèle de la meilleure bergerie, faite au plus bas prix possible.

Une longue expérience m'avait fait reconnaître

1°. Que chaque brebis-portière devait, pour être à son aise, occuper avec son agneau 10 pieds (ou un mètre 6 centimètres) de superficie;

2°. Que chaque bête adulte devait occuper, seule et sans agneau, 6 pieds (ou 0 m. 63 c.) de superficie;

3°. Que le développement des râteliers devait donner à chaque adulte femelle 12 pouces (ou 0 m. 33 c.) de place au râtelier et 15 pouces (ou 0 m. 41 c.) à chaque adulte mâle;

4°. Que les râteliers devaient être mobiles et dans la forme que j'ai déjà publiée et que je représente de nouveau sur les plans ci-joints (je les ai fait établir au prix de 12 francs la toise courante, ou 6 francs le mètre) : *voyez* le détail de ces râteliers à la note qui termine cette notice;

5°. Que jamais, dans aucun cas, une bergerie ne devait être couverte d'un grenier : la santé des bêtes tient essentiellement à la grande élévation du lieu qu'elles habitent; on ne doit se permettre au-dessus d'une bergerie que quelques sinots mobiles, et de place en place, pour la commodité de l'approvisionnement journalier.

C'est d'après ces bases que j'ai fait construire la bergerie dont les plans sont ci-joints, et qui réunit tous ces avantages à la plus extrême économie.

Elle a 30 pieds (ou 9 m. 75 c.) de large, et est divisée par fermes distantes de 10 pieds (ou 3 m. 25 c.) les unes des autres; l'espace entre chaque ferme étant ainsi de 30 pieds sur 10 pieds (ou 9 m. 75 c. sur 3 m. 25 c.), donne 300 pieds (ou 31 m. 69 c.) de superficie, et est propre soit à trente portières avec agneaux, soit à cinquante adultes sans agneaux : ainsi il ne s'agit que d'augmenter le nombre des fermes pour augmenter la bergerie dans la proportion nécessaire.

Celle dont le plan est ci-joint a huit fermes pareilles, dont deux font pignons et six sont intérieures : l'espace entre ces huit fermes étant de 70 pieds (22 m. 75 c.) et la largeur du tout de 30 pieds (9 m. 75 c.), il en résulte 2,100 pieds (221 m. 81 c.) de superficie, c'est-à-dire un espace suffisant pour deux cent dix portières, ou trois cent cinquante adultes non portières; le développement des râteliers, étant de 370 pieds (ou 120 m. 25 c.), donne une étendue plus que suffisante pour tous les cas.

Toutes ces fermes ou travées ne sont construites qu'en bois de toute nature, et elles sont combinées de manière qu'il n'y a nulle part un morceau de bois de plus de 10 pieds (3 m. 25 c.) de long sur 6 pouces (0 m. 16 c.) d'équarrissage; le bois, dans ces dimensions, ne coûte pas plus que le bois à brûler.

Les parties closes des costières et pignons ne sont murées qu'avec des bâtons fixés avec des rapointis, lattés à très-claire-voie et baugés en torchis, enduit de plâtre ou de mortier de chaux.

Deux œils-de-bœuf sont ménagés dans le haut du remplissage des deux pignons et restent toujours ouverts.

Des jours ménagés tout au pourtour se ferment, à volonté, par des volets à coulisse en bois blanc.

Les poteaux sont fondés sur des dez de pierre à l'intérieur, et dans tout le pourtour sur un petit parpin en maçonnerie, de 15 pouces (0 m. 41 c.) d'élévation en tout; savoir, 9 pouces (0 m. 25 c.) en terre, 6 pouces (0 m. 16 c.) hors de terre.

8

Le toit, couvert en tuile, est surbaissé de 5 pieds (1. m 62 c.), c'est-à-dire d'un tiers du carré.

Malgré sa légèreté, ce toit est éminemment solide, parce que dans tous les points le faîtage et les pannes sont toujours soutenus par des bois debout.

RATELIERS.

Explication de la Planche.

Le râtelier se compose de deux assemblages en chêne et pareils, placés à chaque extrémité; une seule barre en chêne les réunit en haut et par-devant.

Les pièces numérotées 1, 2, 3, 4, 5, ainsi que la barre numérotée 7, sont des morceaux de chêne de 2 pouces (o m. 5 c.) carrés, dressés à la varlope.

Elles s'assemblent toutes à tenons et mortaises, sauf aux deux points de rencontre AA, où elles sont entaillées à demi-bois.

Dans le point B, le tenon et la mortaise sont taillés en gousset.

Les trois planches qui forment l'auge sont en bois blanc; les rouleaux des râteliers s'implantent du bas dans la large planche formant le derrière de l'auge, et du haut dans la traverse en chêne : ces rouleaux, ayant un peu de renflement au milieu, en forme de fuseau, tiennent très-solidement.

On peut voir, dans le plan en perspective, comment on suspend ces râteliers à des chevilles de bois scellées dans les murs.

Ils deviennent doubliers à volonté, en les suspendant dos à dos à des poteaux ou à de minces cloisons.

Extrait du Devis.

ARTICLE PREMIER. *Terrasse.*

m.	c.		fr.	c.
12	43	Cubes de terre pour fouille et déblais des fondations, jetés sur berge, roulés à un relais, à 1 fr. le mètre.	12	43

ARTICLE II. *Maçonnerie.*

m.	c.		fr.	c.		fr.	c.
7	44	Cubes de murs en fondations et élévation, à 17 fr. le mètre, produisent.	126	48			
1	60	Cubes de pierre de taille, compris taille des lits et joints et pose, à 100 fr. le mètre.	160	»		719	24
19	94	Superficiels de paremens rustiqués, à 3 fr. 50 c. le mètre..	69	79			
120	99	Superficiels de pans de bois hourdés et crépis des deux côtés, à 3 fr. le mètre.	362	97			

ARTICLE III. *Charpente.*

m.	c.		fr.	c.
23	28	Cubes de bois pour pans de bois et comble, à 85 fr. le stère.	1978	80

ARTICLE IV. *Couverture.*

m.	c.		fr.	c.
329	00	Superficiels de couverture en tuile, à 4 fr. 50 c. le mètre.	1480	50

ARTICLE V. *Menuiserie.*

			fr.	c.
		Les portes, volets et coulisses, ensemble.	323	15

ARTICLE VI. *Serrurerie.*

k.	g.		fr.	c.		fr.	c.
25	00	Pesant de gros fer pour équerres liant les assemblages de la charpente, à 1 fr. le kilogramme.	25	»		95	50
		Pour la ferrure des portes.	70	50			

ARTICLE VIII. *Peinture.*

m.	c.		fr.	c.
103	46	Superficiels de peinture à l'huile, à deux couches, compris rebouchage, à 1 fr. le mètre.	103	46

			fr.	c.
		TOTAL GÉNÉRAL	4713	08

BERGERIE.

Plan.

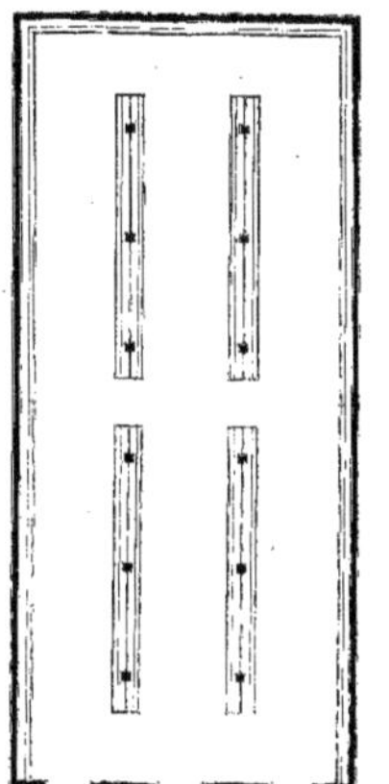

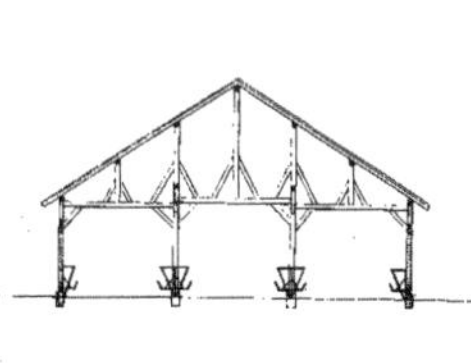

Elévation Latérale.

Coupe sur la Longueur.

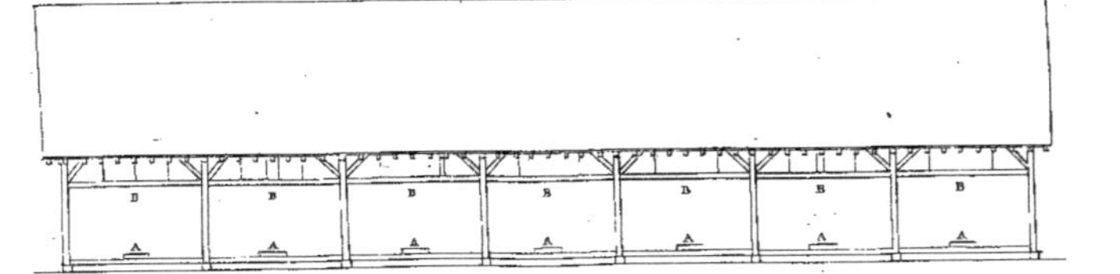

Coupe en grand sur la Largeur.

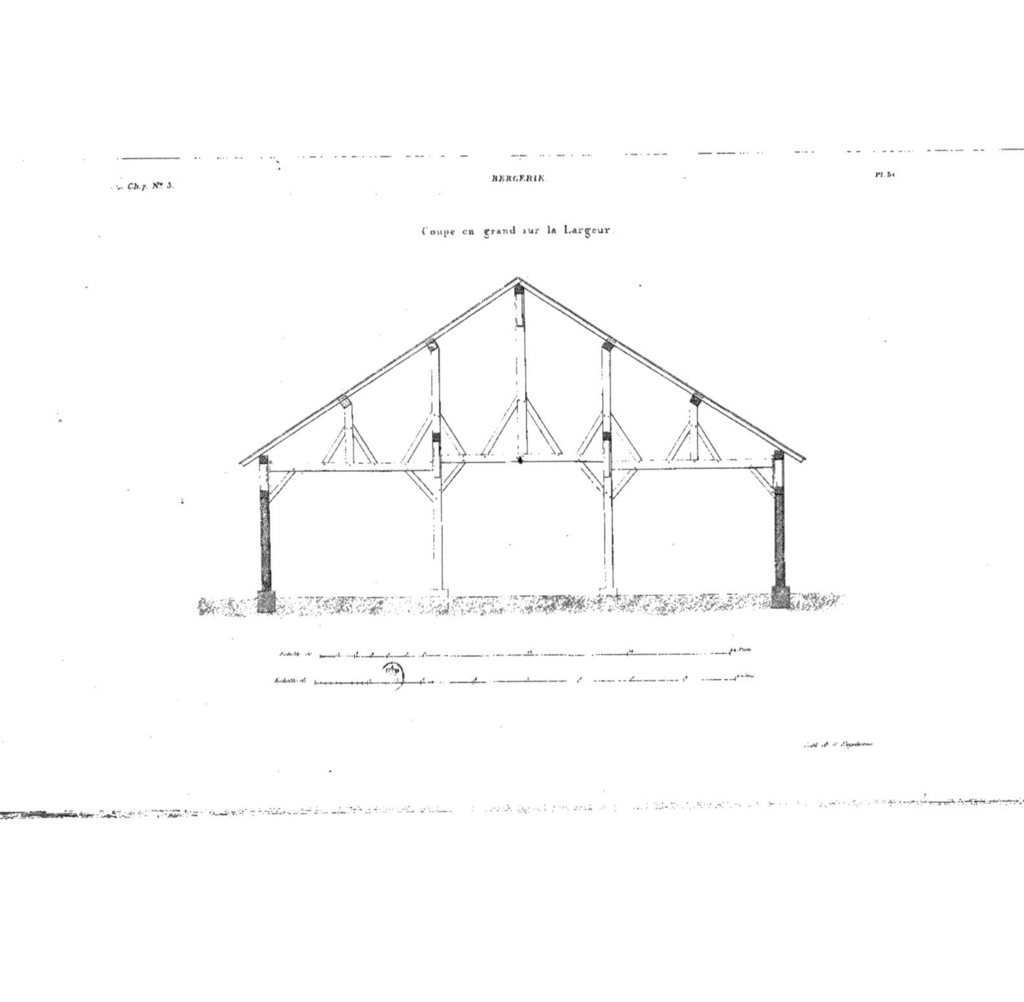

Deux Rateliers réunis et vus en perspective.

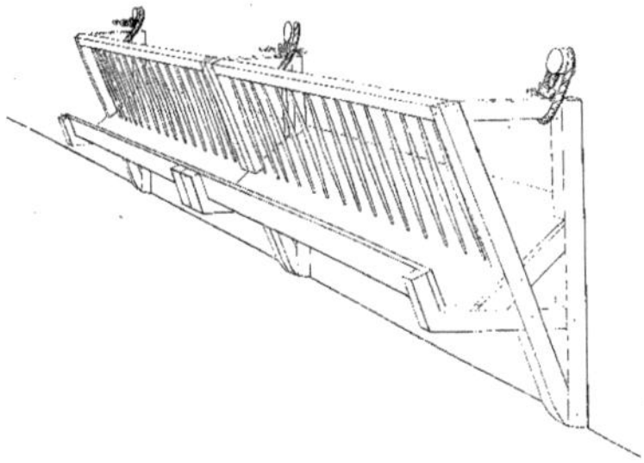

Élévation d'un Ratelier mobile

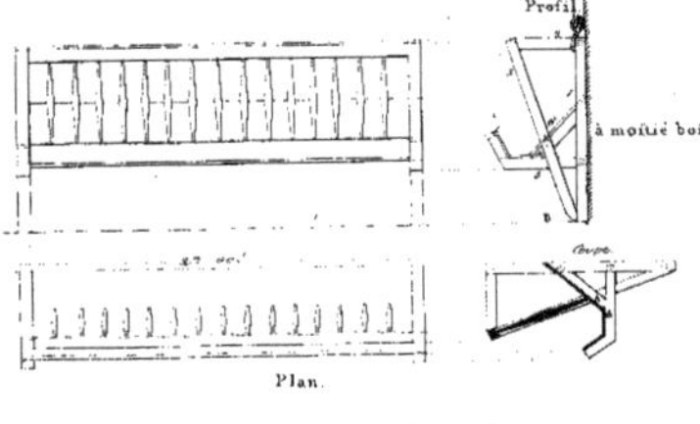

Profil

à moitié bois. AA.

Coupe.

Plan.

Échelle de perspective ... ... de Pieds.

Échelle de ... ... de Mètres.

Chapitre Huitième.

Plan général de la Ferme.

Il résulte de tout ce qui vient d'être exposé que, d'après les plans et devis ci-dessus, depuis et compris le chapitre IV jusqu'au chapitre VII aussi inclusivement, une ferme entière de trois à six charrues peut s'établir aux prix ci-après ; savoir,

	Prix de Paris.	Prix commun en France.
Chapitre IV. Pour l'habitation.	13,123 fr.	7,875 fr.
Chapitre V. Pour la grande grange.	10,352	6,318
Chapitre V (*bis*). Mulotins. . . *Mémoire*.	»	»
Chapitre VI. Pour les hangars et greniers à grain.	5,885	3,521
Chapitre VII. Pour la bergerie..	4,713	2,820
	34,253	20,534

Ces quatre bâtimens complètent la ferme dans tous ses points, et ils ne coûtent ensemble que la somme de 34,253 francs, prix de Paris, ou 20,534 francs, prix commun en France.

Si cette économie était obtenue aux dépens de la solidité, il faudrait la condamner ; si même elle altérait en rien toutes les conditions nécessaires ou seulement utiles à ces diverses constructions rurales, il faudrait encore l'éviter ; mais j'ose penser que toutes les constructions que j'offre ici pour modèle sont dans les meilleurs principes et joignent toutes les conditions reconnues bonnes à l'excessive économie que j'ai cherché à leur procurer.

Je présente donc, dans ce chapitre VIII, l'ensemble de la ferme telle qu'elle doit être établie sur un terrain entièrement disponible, dont la superficie serait de 2 arpens à 22 pieds pour perche et 100 perches par arpent (environ un hectare).

Je vais maintenant entrer dans quelques détails sur les principales dispositions que j'ai adoptées, et je rendrai compte des motifs qui m'ont déterminé à leur donner la préférence sur toute autre combinaison.

On remarquera d'abord que mon premier soin a été de diviser par des haies et de placer, comme dans des cours séparées, les quatre grandes parties de la ferme ; savoir,

1°. La maison d'habitation et son jardin ;

2°. La cour des granges et meules ;

3°. La cour des bergeries ;

4°. La cour des hangars, magasins et dépôts.

Rien n'est plus utile que ces séparations quand le terrain les permet.

D'abord, c'est une garantie absolue contre la communication de l'incendie.

Ensuite, c'est un grand moyen pour le maître de maintenir l'ordre dans son administration.

Enfin, chaque espèce d'animaux, étant séparée des autres, profite mieux et court moins de dangers.

La première de ces grandes divisions contient la maison d'habitation. (*Voyez* chap. IV.)

Cette maison est placée à l'entrée même de la ferme : chacun sait que cette position est d'une convenance qui est presque une nécessité ; il importe que le maître soit en quelque sorte lui-même le gardien de son enclos, et que personne n'y pénètre sans son aveu et sans passer sous les yeux des gens de la maison.

Derrière l'habitation du maître, est son jardin.

Si ce jardin, si bien placé entre la maison et la mare qui doit servir à l'arroser, était insuffisant pour les besoins de la ferme, on pourrait prendre, pour les gros légumes, un supplément convenable dans une partie de la cour des magasins et dépôts ; c'est dans ce même supplément qu'on planterait aussi des arbres en espaliers, à l'exposition du midi, sur le mur de clôture.

Entre le jardin et la mare, on a indiqué sur le plan un grand bâtiment construit en simple hangar, sur poteaux, sans distributions ni planchers, qui aurait pour destination, si on l'adoptait, de donner un lavoir couvert sur la mare et de servir de buanderie, d'étendoir et de sécherie. Ce bâtiment, étant ouvert de toutes parts, n'empêcherait pas qu'on pût, en le traversant, aller remplir à la mare les arrosoirs pour le jardin.

J'observe qu'en indiquant ce hangar sur le plan, mais sans entrer dans aucun détail sur sa construction, je n'ai eu d'autre intention que de montrer la place qu'il devait occuper, si on croyait convenable de l'établir, ainsi que quelques personnes le pensent; mais comme, à mon sens, cette construction n'est pas de condition indispensable à la ferme et peut aisément se suppléer dans ses divers usages, j'engage très-fort à n'en pas faire les frais, et à laisser en jardin potager tout le terrain depuis la maison jusqu'à la mare. J'ajouterai même que, dans aucun cas, ce bâtiment ne me semble devoir être adopté, à moins que la mare ne se trouve alimentée et sans cesse renouvelée par une eau courante : sans cette condition, et si la mare ne doit recevoir que les eaux pluviales, y laver serait faire beaucoup de tort aux animaux de la ferme et détourner cette précieuse réserve d'eau de sa véritable destination. Au surplus, quelque parti qu'on prenne à cet égard, on peut regarder comme certain que ce bâtiment, étant à-peu-près le même que le hangar décrit au chapitre VI de cet ouvrage (moins toute la partie de menuiserie), ne coûterait, d'après le devis de ce même chapitre VI, qu'environ 4,000 francs, prix de Paris, ou 2,400 francs, prix commun en France.

Le bâtiment qui se trouve ensuite le plus près de la maison est la construction capitale, qui contient les écuries, vacheries, laiteries, etc., et qui est placée dans ma seconde division (*voyez* chap. V) : c'est là que le maître et la maîtresse sont sans cesse occupés, et il fallait qu'ils en fussent éloignés le moins possible.

On remarquera que, pour le service de cette seconde division, on pourrait pratiquer au point A, donnant sur la voie publique, une porte, que l'on n'ouvrirait qu'au moment de rentrer les moissons.

Au fond, à gauche, et le plus loin possible, est ma troisième division, qui forme la cour des bergeries (*voyez* chap. VII) : c'est là que, loin de toute espèce de trouble et même de bruit, doivent reposer les précieux animaux qui les habitent, et c'est sur-tout cette troisième cour qu'il était important de bien séparer et de complétement isoler. Rien, en effet, n'est plus nécessaire aux bêtes à laine qu'un grand espace clos et tranquille autour de leur demeure; elles y vaguent, sans crainte et sans péril, pendant tous les momens très-fréquens où les soins intérieurs obligent de les laisser dehors, et elles sont en outre bien moins sujettes aux terreurs subites quand elles sont rentrées dans la bergerie. On remarquera même que, pour les exposer à moins de dangers encore, j'ai laissé la faculté d'ouvrir au point B, sur la voie publique, une porte exclusivement destinée aux bêtes à laine, si le maître le juge convenable.

On va voir de plus tout-à-l'heure avec quelle précaution j'ai placé la mare, pour que les bêtes à laine puissent s'y abreuver sans trouble ni accident.

Enfin, sur la quatrième face de l'enclos se trouve ma quatrième division, que j'appelle la cour des hangars, magasins et dépôts : c'est au milieu de cette cour qu'est placé le grand hangar, au-dessus duquel sont les greniers à grains (*voyez* chap. VI). Autour de ce hangar seront, suivant les convenances du maître, les ateliers d'ouvriers, les chantiers de bois, les meules de fagots, les dépôts de tonneaux ou de toute autre provision ou marchandise. Personne n'a affaire dans cette cour isolée; on n'a ni intérêt ni besoin d'y passer avec de la lumière ou du feu; aucun animal n'en approche, et le maître est dispensé de presque toute surveillance active sur ce point.

Les trous à fumier sont au centre de la grande cour et à portée des écuries, étables et bergeries. Au moyen des chaussées qui les entourent ou les séparent, on peut, en dirigeant bien les pentes des ruisseaux, jeter, à son choix, plus ou moins d'eau pluviale dans ces trous ou dans la mare.

Cette mare est située le plus avantageusement possible, 1°. pour l'irrigation du jardin; 2°. pour le service des bergeries. Cette dernière considération est encore très-importante. Il ne faut point que la bête à laine soit inquiétée quand elle boit; il ne faut pas non plus qu'elle soit exposée aux dangers que lui font courir les chevaux et les bêtes bovines, lorsque tous ces animaux se présentent en rivalité à l'abreuvoir. Pour éviter tous ces inconvéniens, j'ai mis la mare à cheval sur les deux cours; moitié de son entrée donne dans la cour générale, l'autre moitié donne dans la cour même des bergeries, et cette disposition assure à ces timides animaux l'immense avantage d'aller s'abreuver en toute sécurité, sans sortir de leur propre enclos.

Cette mare à laquelle j'ai donné toute l'étendue qu'elle pouvait avoir d'après la quantité d'eau qu'elle devait recueillir, s'alimente d'abord par les égouts des toits de la maison et de la bergerie.

Je conseille en effet de placer au bord de ces toits des gouttières en zinc ou en fer battu, avec tuyaux de descente (cette disposition doit même être étendue à tous les bâtimens de la ferme; rien ne les sèche et ne les conserve mieux). On peut pratiquer ensuite, à peu de frais, des pierrées, qui, partant du bas des tuyaux de descente, conduisent leurs eaux soit aux trous à fumier, pour une petite partie, soit, pour tout le surplus, à la mare, à laquelle on aura bien soin de donner une décharge de trop-plein sur la voie publique.

La mare s'alimente ensuite par la majeure partie des eaux des ruisseaux pratiqués au milieu des chaussées pavées qui entourent et séparent les trous à fumier. Les pentes de tous ces ruisseaux doivent être réglées, pour verser dans la mare toutes les eaux pluviales, excepté la petite portion qu'on voudrait réserver pour les trous à fumier.

Une disposition non moins utile est celle que j'ai adoptée à l'imitation des masures normandes, c'est de mettre en prés plantés d'arbres à fruit, à cidre, tous les terrains qui, dans mon enclos, sont sans destination contraire, tels que les cours des meules, des bergeries et des dépôts.

Les avantages de cette disposition sont très-grands ; on est bien plus certain d'avoir du fruit dans les cours qu'en plein champ, et un peu de pâture dans l'enclos donne un bien-être extrême à tous les animaux qui l'habitent et beaucoup de facilité à ceux qui les soignent.

J'ai aussi indiqué sur mon plan, à l'imitation de ces mêmes admirables masures normandes, une plantation que je crois du plus haut intérêt pour la ferme, c'est un quinconce de cinq rangs d'arbres forestiers, régnant extérieurement au long de la clôture, sur les trois faces de la ferme, *est, nord* et *ouest,* et qui ne sont pas sur la voie publique ; ces cinq rangs d'arbres, espacés de 11 pieds sur tous les sens, et dont le premier commencera à 3 pieds du mur de clôture, étant choisis parmi les espèces qui, dans le pays, montent le plus vite et le plus haut, abriteront admirablement les bâtimens, les arbres à fruit et à cidre, et tous les animaux qui vivront dans les cours de la ferme. Si la nature du sol n'affectionnait pas particulièrement des arbres propres à cette destination préservative, des pins ou des sapins les plus appropriés au terrain y satisferaient d'autant mieux, qu'ils la rempliraient même pendant l'hiver.

Enfin, on remarquera sur mon plan, à l'angle nord-ouest de la ferme, une petite cour séparée, que j'ai appelée *cour des composts et du stercorat :* c'est là que, dans diverses fosses disposées exprès, se préparent des engrais aussi bons qu'abondans, et dont je vais donner la composition.

COMPOSITION DES COMPOSTS.

Chaque trou pour compost a 36 toises de superficie sur 3 pieds de profondeur ; les terres qui en sortent s'accumulent en remblai dans tout le pourtour et sur la croisière de chemins qui séparent les quatre composts. Ces terres, ainsi exhaussées, empêchent les eaux voisines de couler dans les composts, qui ne doivent recevoir que celles directes des pluies. J'ai dit qu'il fallait quatre trous pour composts, parce qu'il faut quatre ans pour qu'un compost soit en plein état de terreau et d'engrais parfait : ainsi, il faut en commencer un chaque année, et ne lever le premier qu'à la fin de la quatrième année ; puis alors on en a, tous les ans, un à lever et un à commencer dans la place que l'on vient de vider.

Au mois de décembre de chaque année, le compost en tour à faire s'établit par des lits de feuilles que l'on va ramasser de toutes parts après leur chute. Chaque lit de feuilles, non foulé, doit avoir environ un pied d'épaisseur ; entre chacun de ces lits de feuilles, on répand également une futaille, soit 8 pieds cubes de chaux vive, éteinte sur le lit même : on superpose ainsi au moins quatre lits, au plus six, de feuilles sèches ; sur le tout, on répand un lit de tout ce qu'on peut trouver sous sa main de balayures de cours, de curage de fossés, de boue de rues ou de chemins, ou même de terre végétale, si on n'a pas pu ramasser assez de ces immondices de tout genre.

C'est sur ce compost ainsi formé que, pendant tout le cours de la même année, on porte sans cesse tout ce qui serait perdu dans la maison : débris de jardinage, cendres lessivées, eaux de savonnage, suie de ramonage, immondices de cuisine, balayures de tout genre, etc., etc. C'est dans ce même compost qu'on va enterrer les animaux de toute espèce, qui meurent dans la ferme (en les coupant par morceaux); enfin, ce compost est seul l'égout général de tout ce qu'il y a de sale, de dégoûtant, d'embarrassant ou de perdu dans un lieu habité, et l'on ne peut se faire d'idée, si on ne l'a éprouvé, du volume énorme que le tout produit dans le cours de cette seule année. Je n'exagère point en affirmant que, dans une ferme de deux à trois charrues, un tel compost, qui n'a rien coûté, finit par donner en admirable terreau la charge de cinquante à soixante tombereaux à trois chevaux. Au bout de l'année révolue, on oublie ce premier compost pendant deux ans entiers ; on se contente d'en labourer la superficie de temps en temps pour y enterrer vertes et avant qu'elles ne grènent les plantes qui y naissent, et l'on recommence le second compost, que l'on forme et compose de la même manière que le premier pendant toute la seconde année, et ainsi de suite d'année en année.

Dans le cours de la quatrième année, si les dispositions locales permettent de recueillir un excédant de jus de fumier, on le porte successivement sur le compost, qui doit être enlevé l'automne d'après, et que l'on pioche et retourne deux fois de fond en comble dans le cours de cette quatrième et dernière année. C'est dans le renfoncement que l'enlèvement de ce compost laisse vacant qu'on recommence la seconde rotation des quatre composts.

Je viens, depuis six ans, d'ajouter un grand perfectionnement à ces composts, en y mêlant un nouvel engrais bien puissant, dont je vais donner la composition.

COMPOSITION DU STERCORAT.

Pendant tout le cours de l'année, c'est dans la fosse des latrines de la maison que je fais vider toutes les urines des chambres et celles des baquets de la cour, dont tous les gens de la ferme ont l'ordre et l'habitude de faire usage ; j'y fais jeter aussi les eaux provenant des savonnages : par ce moyen, les matières s'y trouvent toujours assez liquides pour être transportées par tonnes défoncées dans un grand trou que je fais pratiquer auprès des composts. C'est dans cette fosse que je prépare ce nouvel engrais, que j'ai nommé *stercorat*, et dans lequel se trouvent réunis, avec un immense avantage, les deux engrais qu'on séparait précédemment sous les noms de *poudrette* et d'*urate*.

Si la fosse indiquée sur le plan ne se trouvait pas dans une terre compacte et peu perméable à l'eau, il faudrait la maçonner.

Cette fosse doit avoir une capacité à-peu-près double de la quantité de matières que l'on doit y conduire ou y verser.

Si, par quelques circonstances locales, ces matières n'étaient pas dans un état suffisant de liquidité, on les y amènerait en y ajoutant des eaux de lessive, ou, mieux encore, des jus de fumier, si on en avait.

Ces matières, ainsi détrempées jusqu'à la consistance d'une eau fortement bourbeuse, seront, soit conduites dans la fosse préparée, s'il y a pente suffisante, soit transportées dans cette même fosse avec des tonneaux. Cette opération doit se faire rapidement, une seule fois l'année, à la fin de l'automne.

Là, ces matières seront de suite solidifiées par l'agrégation d'une quantité de gypse cuit et battu, dans la proportion de 25 kilogr. de plâtre, pour un peu moins de trois seaux (soit environ 60 litres) de matière.

On remuera avec de longs rabots de maçon, jusqu'à ce que le tout soit bien mêlé et le plâtre pris de toutes parts.

Au bout de deux ou trois semaines, la composition sera assez durcie pour pouvoir être levée en morceaux maniables et à-peu-près cubiques (soit à la bêche, soit à la pioche si le temps a été très-sec).

On portera ces cubes solides dans un hangar ou dépôt quelconque, aéré, mais couvert ; on les laissera ressuer et se dessécher pendant le temps nécessaire pour que ces pierres fécales puissent être battues et réduites en poudre de la même manière que les maçons battent le plâtre. C'est dans cet état que j'emploie cette matière dans la formation de mes composts, en l'y répandant par lits entre les lits de feuilles, à moins que ces composts, se trouvant assez riches par eux-mêmes pour me dispenser de leur ajouter cet engrais, ne me permettent de l'employer isolément.

Cette poudre, plus puissante et plus chaude que la colombine elle-même, se sème à la volée, sans aucun danger pour le semeur. Dans ce cas, il faut faire soi-même l'expérience de la quantité à semer, parce que cette quantité varie suivant le terrain, le climat, et même suivant la plante que l'on enrichit de cet engrais : c'est chose à tâter, sans que l'erreur puisse avoir de graves inconvéniens.

La solidification de la matière peut se faire avec beaucoup d'autres minéraux que le gypse ; on peut y employer la chaux ou les marnes, et même, à défaut d'autres matières, on peut encore se servir du sable fin pour fumer dans des terres argileuses, ou de terre argileuse pour fumer dans des cantons sablonneux ; mais en employant ces diverses matières, il faudra essayer les quantités nécessaires, car je ne puis donner de quantité certaine que pour le gypse, parce que je n'ai encore fait d'expériences qu'avec cette substance, que je me procure facilement, et qui, dans ce cas, est préférable à tout autre moyen de solidification.

La fosse pour le stercorat est indiquée, sur le plan général, dans la cour de la bergerie, auprès des composts.

Nota. Je ne dois point terminer cet article sans y joindre un avis important, relatif à l'emploi des composts, soit seuls, soit unis au stercorat.

Cet engrais favorise avec une telle abondance la production des herbes nuisibles, qu'il ne faut l'employer que des deux manières suivantes, soit en s'en servant pour terreauter, la *dernière année*, des prairies artificielles, soit en le répandant immédiatement avant la culture des plantes sarclées : dans le premier cas, les herbes nuisibles, fauchées avant de donner leurs graines, périssent par la défriche de la prairie, et dans le second cas, elles sont détruites par les sarclages.

Je prie que l'on veuille bien donner une grande attention à ce que je viens de dire sur la composition de ces deux engrais. Ceci est entièrement *pratique* ; je l'exécute depuis long-temps et avec un succès toujours croissant : la méthode en est facile, les frais modiques et les produits immenses. C'est, quant aux composts, une véritable création d'excellente terre végétale, et quant au *stercorat*, c'est la meilleure de toutes les manières possibles d'employer les excrémens humains.

J'ai pensé que c'était dans le présent chapitre que je devais insérer ces importantes notices, et que je ne pouvais me dispenser d'indiquer les places que devaient occuper ces deux engrais dans le plan général d'une ferme établie sur des principes véritablement bons et économiques.

Si d'ailleurs on examine avec soin ce plan général, on reconnaîtra, je l'espère, que tout ce que je viens de dire sur la bonne composition et distribution des bâtimens d'une grande ferme, est entièrement conforme aux idées les plus saines, et les mieux confirmées par l'expérience. Je sais que peu de particuliers (excepté dans les pays encore condamnés à la métairie) seront dans le cas d'établir ainsi la ferme, pour ainsi dire *ab ovo*, et sans être contrariés par des constructions préexistantes ; mais mon travail ne sera cependant pas sans quelque utilité, quand il ne devrait produire que des améliorations partielles et lentes.

PLAN GÉNÉRAL DE LA GRANDE FERME.

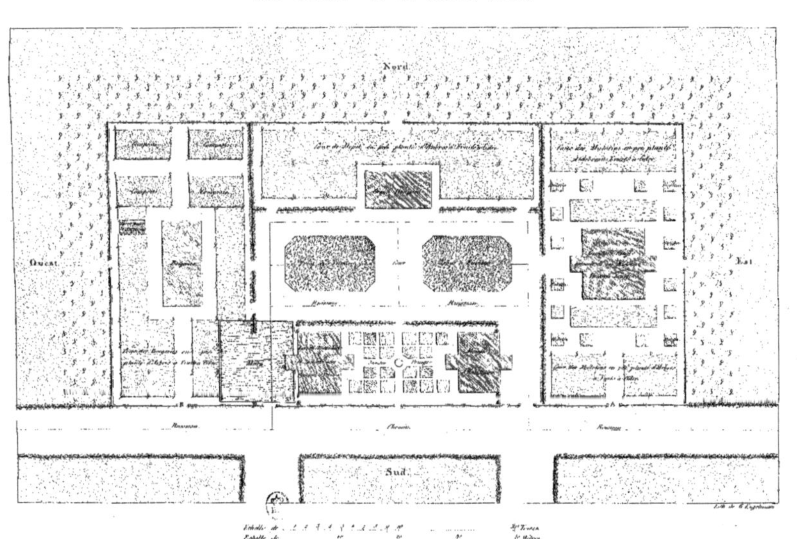

Les plans et coupes des écuries et des étables, ainsi que les détails des auges, mangeoires et râteliers, ayant été placés au chapitre V, je n'ai pas cru devoir les répéter ici, je me suis borné à réunir dans ce chapitre IX les bases générales, sur lesquelles ces constructions doivent toujours être établies, de quelque manière qu'on les fasse (1).

Ces bases sont universellement connues, et bien expliquées dans tous les bons livres d'agriculture, et sur-tout dans les excellens ouvrages de M. Tessier : on peut consulter, à cet égard, les pages 137-147 du mémoire qu'il a publié, en 1782, sous le titre d'*Observations sur plusieurs maladies des bestiaux*; on consultera encore, avec avantage, tous les articles de l'*Encyclopédie méthodique* dans lesquels ce patriarche de notre agronomie a traité cette matière.

Il suffira de rappeler ici les principales bases sur lesquelles se fondent les convenances de salubrité et de commodité de ces importantes constructions, en y évitant néanmoins toute espèce de luxe et toutes les recherches que les amateurs leur ont souvent prodiguées.

Ces divers perfectionnemens sont sans doute très-estimables, et ont aussi leurs plus ou moins grands degrés d'utilité; mais ils sortiraient du genre et de l'intention de cet ouvrage, où l'on ne tend qu'à présenter ce qui est *bon, au meilleur marché possible*, en évitant ce qui serait *beaucoup plus cher*, pour n'être peut-être *qu'un peu meilleur*.

Voici donc les principales, et j'ose dire même les seules conditions d'une bonne vacherie, réduites à ce qui est véritablement indispensable :

1°. Elle doit être vaste et élevée autant que possible.

2°. Les bêtes doivent y être à l'aise et jouir, chacune, d'environ 5 pieds couraus d'espace, l'une dans l'autre.

3°. Elle doit sur-tout recevoir une masse considérable d'air, par trois grandes ouvertures au moins, dont deux fournissent, à volonté, un grand courant dans sa longueur.

4°. Il faut en outre que quelques ouvertures, pratiquées dans son plancher supérieur, servent de ventilateurs et laissent échapper les gaz insalubres.

5°. Ses portes doivent être larges de 4 pieds au moins, pour ne pas exposer les bêtes pleines à se blesser.

6°. Elle doit être pavée : les urines abondantes, dont s'imprègne un sol non pavé, produisent promptement des exhalaisons délétères.

Ce sol, pavé, doit avoir des pentes et des égouts, qui portent au dehors toutes les urines et les eaux de nettoyage.

Cependant, il faut bien observer en même temps que ces mêmes pentes doivent être assez douces pour que, au moyen de la plus forte épaisseur de la litière, la vache, debout ou couchée, soit toujours presque horizontalement dans l'étable; quand elle a le train de derrière posé trop bas, l'avortement résulte des tiraillemens qu'éprouvent les ligamens de la matrice.

7°. Il faut tâcher de la préserver de toute humidité, et, à cet effet, elle doit être suffisamment exhaussée au-dessus du sol.

Ce même exhaussement a un second avantage, celui de donner la facilité de bien recueillir les urines et même les eaux qui ont lavé l'étable, et de les porter, sans aucune perte, vers le point choisi pour la conservation ou l'emploi de ces précieux engrais.

8°. Enfin, elle doit être curée et renouvelée de litière au moins une fois par jour.

Presque toutes les conditions ci-dessus sont communes aux écuries. (*Voyez* de plus, au chapitre V, les dessins des mangeoires et râteliers des écuries et celui des auges sans râteliers pour les étables.)

9°. Je répète en outre, ici, ce que j'ai déjà dit dans cet ouvrage, au même chapitre V, c'est qu'il faut absolument éviter de mettre les vaches au râtelier : on peut être certain que dès qu'on oppose la vache à lever la tête habituellement, l'avortement en résulte; et j'en ai fait une trop fâcheuse expérience.

Ce précepte reçoit sa pleine confirmation en Normandie, où le nombre des avortemens est reconnu proportionnellement beaucoup moins grand que dans tout autre pays, par les deux causes principales suivantes :

1°. Par l'attention d'avoir des auges excessivement basses dans les étables;

---

(1) Le Plan des Écuries et Vacheries (*Planche IX* du chapitre V) sera fourni aux personnes qui prendront séparément le présent chapitre.

2°. Par le soin de ne jamais sortir la vache de l'étable que revêtue de la bricole normande.

Les cultivateurs les plus instruits de la Normandie m'ont, tous, assuré qu'outre l'intérêt d'empêcher les vaches de nuire aux pommiers, ils avaient reconnu que les vaches, en levant la tête pour attaquer ces arbres, s'exposaient à de fréquens avortemens, et qu'ainsi ils avaient atteint un double but, par l'usage de cette bricole, qui tient la tête de la vache constamment basse sans cependant gêner ni sa marche ni aucun de ses mouvemens naturels.

Quoique cette bricole normande soit entièrement hors de l'objet de cet ouvrage, je ne puis résister au désir de la faire connaître dans beaucoup de départemens où elle est ignorée, et où elle serait cependant de la plus grande utilité. Je crois donc faire une chose convenable, en la représentant ici de manière à ce que toute personne puisse aisément la faire exécuter.

Cette bricole est tout en sangle de chanvre, de 2 pouces environ de large. Elle est composée de deux barres placées en travers sur le dos de la bête, et qui descendent, l'une au droit des aisselles de devant, l'autre au défaut des hanches. (*Voyez* fig. 1 et 2, les lettres JJ.) Une traverse, cotée lettre N, est placée en longueur sur l'épine du dos et est cousue avec ces deux barres aux points EG, pour empêcher qu'elles ne se déplacent; une sorte de reculement qui tombe au bas des fesses de la bête, fait le tour de l'animal par-derrière, d'une aisselle de devant à l'autre. (*Voyez* aux mêmes fig. 1 et 2, les lettres HHH.) Les deux barres J J viennent de chaque côté s'attacher fixe sur cette prolongation du reculement, aux points DF, et la soutiennent sur les deux flancs de l'animal. Ce même reculement a en outre de chaque côté, au devant et au-delà de ces mêmes barres de devant, deux prolongemens suffisans pour venir se réunir sous l'animal, entre ses deux jambes de devant. (*Voyez* lettres LL.) Là, les deux extrémités de ce prolongement se terminent par deux anneaux dont on va voir l'usage (lettre C.)

Une tétière formée d'une barre passant sur la tête derrière les cornes (*voyez* lettre A), et sur laquelle vient se coudre, des deux côtés et aux points 1 et 2 de la figure, une autre barre enveloppant les naseaux et désignée, lettre M, se termine par un anneau de chaque bout, que réunit sous la ganache au point B, une longe cotée O, qui de là va passer entre les jambes de devant de la vache et s'y nouer au point C dans les deux anneaux de la barre du reculement de la bricole; là, cette longe, en se serrant ou se lâchant à volonté à travers ces deux anneaux, fait baisser la tête de l'animal autant qu'il est besoin. Les quatre anneaux qui terminent les deux extrémités du reculement et les deux bouts de la tétière, sont des œillets fort larges, faits dans la sangle même avec de la forte ficelle.

La figure 1 et 2 va rendre cette explication tout-à-fait palpable, et j'ai en outre déposé, pour modèle, au Conservatoire des arts et métiers à Paris, une petite vache en carton revêtue d'une de ces bricoles normandes.

Je ne terminerai point cet article sans protester contre l'induction qu'on en pourrait tirer, que je donne mon approbation à quelque nourriture que ce soit, prise par les bêtes bovines autrement que dans l'étable. Sauf dans quelques localités très-abondantes en herbages, ou encore très-faibles en population, je persiste à penser que le séjour *constant* de ces bêtes à l'étable est d'un immense avantage pour l'agriculteur.

J'ai traité particulièrement cette question dans mes *Observations pratiques* sur la théorie des assolemens (voyez *Annales d'agriculture*, 2e. série, tom. XX), et je prie les personnes qui s'étonneraient de l'assertion précédente, de vouloir bien recourir à ces observations, tant pour cet objet, que même pour celui du parc et du parcours des bêtes à Jaine.

Ayant été conduit par la digression ci-dessus à consacrer la fin de ce chapitre à des détails étrangers à l'objet du présent ouvrage, j'espère qu'on me pardonnera d'y placer encore un autre perfectionnement, que j'ai aussi trouvé en Normandie, et dont l'usage me paraîtrait très-important à adopter dans toute la France.

C'est une brouette à civière, dont la facilité et la puissance ont été reconnues être quatre fois plus grandes que celles des brouettes ordinaires. Il résulterait de son adoption un avantage incalculable pour tous les travaux de la ferme, dont beaucoup se retardent ou se négligent par suite de l'imperfection des instrumens.

Cette brouette, usitée dans la ville du Hâvre et dans ses environs, et dont la figure est ci-jointe nos. 4 et 5, est à deux roues et porte des bras d'environ 15 pieds de long; la longueur de ces bras, qui rejette toute la charge sur l'essieu, rend cette charge presque nulle pour l'homme, qui n'a plus qu'à la pousser sans presque rien porter. Le peu qu'il en supporte n'est pas même pendant au bout de son poignet; ce faible poids est réparti sur tout son corps, au moyen d'une bricole très-simple, gravée figure 3, qui part de ses épaules et va soulever les mancherons de la brouette, de telle sorte que cette brouette ressemble presqu'à une balance du genre de celle dite *romaine*, dont le gros poids, au bout du court levier, porterait sur deux roues, et dont le long fléau ne servirait plus qu'à pousser le tout. Il en résulte que les poids et les masses que ces brouettes transportent sont énormes, en comparaison de ce qu'on peut faire avec la brouette ordinaire, où le poids à transporter pèse presque entièrement sur les bras de l'ouvrier qui la pousse.

J'ai éprouvé tout le bénéfice de cette jolie machine, sur-tout dans le transport et l'arrangement de mes pailles, litières et fumiers.

Elle est représentée en plan, figure 4, et en coupe, figure 5. Je dois encore ces plans aux bontés de M. Girard, membre de l'Académie des Sciences, avec lequel j'ai eu l'honneur de faire connaissance au Hâvre même, dans le temps où les fonctions d'ingénieur qu'il y remplissait, lui avaient mérité l'estime et l'affection de toute la ville.

Figure 1.re

Figure 2.me

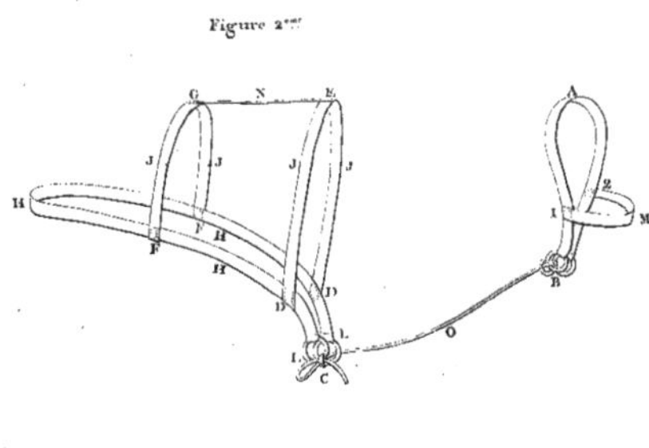

Lith. de G. Engelmann.

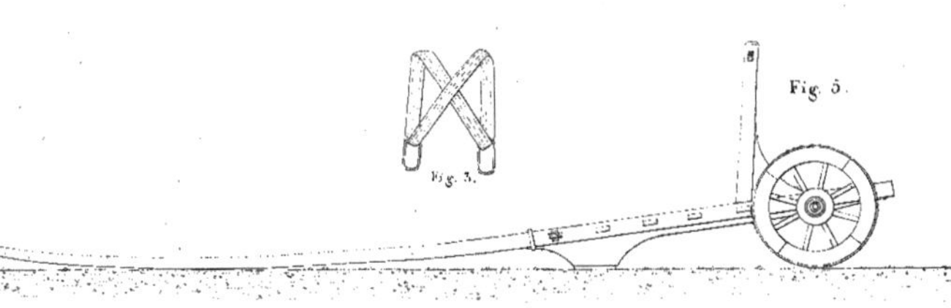

Fig. 3.
Fig. 5.

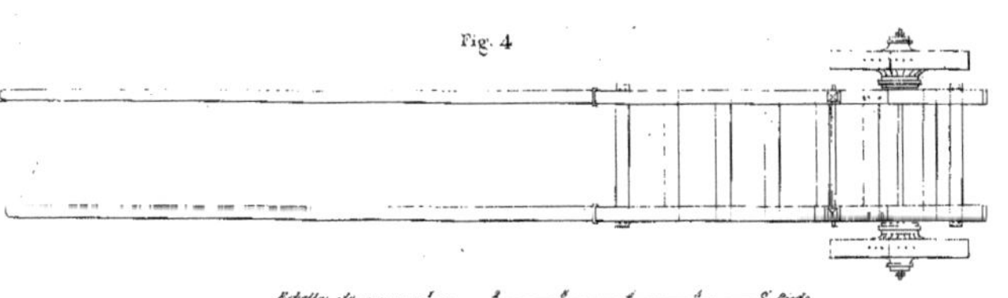

Fig. 4.
Echelle de ... 1 ... 2 ... 4 ... 6 Pieds
Echelle de ... 1 ... 2 ... 2 Mètres
Lith. de G. Engelmann.

Chapitre Dixième.

Plan du Gerbier sur poteaux, exécuté à la Celle Saint-Cloud, département de Seine et Oise.

C'est pour compléter la représentation de mes divers bâtimens ruraux, que je reproduis ici les plans et détails de ce gerbier, tels exactement que je les ai publiés en 1813.

J'observe que ce gerbier sort des conditions du présent ouvrage, à cause de la longueur des bois, qui en augmente la cherté. Il est presque une construction de luxe, en comparaison de l'excessive économie qu'on obtient par les autres moyens que j'ai indiqués jusqu'ici; mais comme il est cependant de deux tiers meilleur marché qu'une grange en maçonnerie de pareille dimension, et comme il est en même temps beaucoup meilleur, il pourra être utile, sur-tout dans les pays où les bois blancs ou résineux, d'une longue portée, sont communs et à bas prix.

On observera que ce gerbier, bâti au mois de juin 1812, n'a pas éprouvé un seul inconvénient, ni déchet, ni altération quelconque, et n'a pas eu besoin d'une seule réparation pendant les douze années écoulées jusqu'à la publication du présent ouvrage.

Le plus grand avantage de ce gerbier est de conserver les pailles toujours fraîches, comme si elles venaient d'être battues; j'en ai conservé ainsi d'un an, et même de deux ans, sans qu'elles éprouvassent la moindre avarie.

Au commencement de 1812, une augmentation imprévue dans mon exploitation personnelle me fit sentir la nécessité d'ajouter à mes bâtimens un emplacement suffisant pour serrer la surabondance de mes récoltes.

Je répugnais absolument à bâtir une grange en maçonnerie, d'abord à cause de la trop grande dépense qu'entraîne un bâtiment de cette nature, ensuite à cause de l'inconvénient effroyable du rat et de la souris, dont on n'a pas assez apprécié jusqu'ici les dégâts, que j'estime, par expérience, à plus de 15 pour 100 de perte sur toute récolte ainsi engrangée; enfin, parce que cette bâtisse n'eût pu être finie et sèche pour la récolte alors prochaine.

Je ne pouvais, d'un autre côté, employer, dans les circonstances où je me trouvais, ni mon gerbier à toit mobile, ni les meules à la hollandaise, parce qu'il me fallait absolument une aire à battre, que je ne pouvais trouver dans ces constructions légères.

Dans cette position, j'ai imaginé et exécuté la grange sur poteaux, dont je donne ici le plan et les détails. Cette grange, dont les bois étaient encore sur pied le 25 mars 1812, a été complétement achevée le 25 juin suivant.

J'y ai rentré et serré quinze mille gerbes à la moisson de 1812. Elles y ont été battues depuis avec la plus grande commodité; je n'ai pas perdu un grain de blé; je n'ai pas eu un seul rat ni une seule souris; mes pailles s'y sont conservées toujours entières et fraîches; le grain, constamment aéré, n'a contracté aucun mauvais goût, et cette expérience en grand a été suivie du plus entier succès sous tous les rapports.

Tous les bois sont en peupliers d'Italie, à l'exception des courts piliers de 2 pieds de haut, qui soutiennent toute la charpente, et que j'ai mis en chêne. La couverture est en ardoise; je l'ai jugée plus solide, plus économique qu'en tuile et même qu'en paille; et le tout m'est revenu à 4,375 francs, les bois compris, et estimés à leur valeur vénale. Ce prix est celui de Paris, qu'on peut réduire à 2,625 francs, prix commun en France.

EXPLICATION DES PLANS.

J'ai voulu me donner une capacité couverte, de 55 pieds de long sur 22 pieds de large et 22 pieds de haut, sans compter l'espace contenu sous le toit, et qui est de 11 pieds d'élévation. J'ai pris ces nombres divisibles par 11, parce que l'expérience m'a appris que cette longueur de 11 pieds était le *maximum* de la portée des bois posés en travers, pour qu'ils fussent les plus longs possible sans risquer de fléchir.

Mes 55 pieds de long m'ont donné cinq travées ou espaces de grange, contenus entre six fermes de charpente à 11 pieds de distance l'une de l'autre, et dont deux font pignon à chaque extrémité.

J'ai posé d'abord à terre en échiquier, à 11 pieds l'un de l'autre sur tous les sens et sur trois rangs, dix-huit dés de pierre de taille bien fondés en maçonnerie, et saillant d'un pied hors de terre, sur 15 pouces carrés. (*Voyez* fig. 1.)

Sur ces dix-huit dés de pierre, j'ai dressé, avec liaison d'un simple goujon d'un pouce, dix-huit courts piliers de chêne de 2 pieds de haut sur 1 pied carré, terminés à leur extrémité supérieure par un bon tenon.

Ces dix-huit piliers, acquérant ainsi la hauteur de trois pieds au-dessus de terre (pierre et bois compris), ont été postérieurement couverts latéralement et des quatre faces : 1°. d'ardoise jusqu'à 2 pieds de terre ; 2°. sur les 12 pouces supérieurs, de morceaux de verre à vitre d'un pied carré, retenus avec mastic entre de petites baguettes, clouées du haut et du bas seulement, et sans montans aux angles. (*Voyez* fig. 2.)

Sur ces dix-huit piliers, présentant dix-huit tenons à leur extrémité supérieure, j'ai posé un gril en charpente, composé :

1°. De trois sommiers longs, et d'une seule pièce chacun, pour plus de solidité ; le peuplier d'Italie donnant facilement ces longueurs de 60 pieds et plus ;

2°. De six sommiers de 24 pieds de long, croisant sur les trois sommiers longs, et mariés avec eux par entailles réciproques à tiers de bois.

Les trois sommiers longs portaient en dessous des mortaises, pour recevoir les tenons des petits piliers de chêne, et des chevilles de bois traversaient les jonctions par entailles. (*Voyez* fig. 1.)

Sur ce gril, ainsi posé et fixé, j'ai élevé la charpente, dont tous les détails sont complétement indiqués aux coupes et élévation représentées figures 3, 4, 5 et 6.

Elle consiste uniquement en douze poteaux de 22 pieds de haut, posés en bois debout, coiffés de deux sablières dans la longueur, et de six grands entraits dans la largeur ; le tout formant le haut du carré. — Le toit est composé de douze arbalétriers, retenus du haut par six petits entraits, portant six poinçons, qui reçoivent le faîtage. Entre les sablières et le faîtage, règne une seule panne de chaque côté du toit. Des liens légers unissent toutes les pièces entre elles et empêchent les roulemens.

On remarquera en outre, par l'examen des coupes gravées ci-jointes,

1°. Que le toit, qui est régulièrement à son équerre, est prolongé en saillie et queue de vache de chaque bord d'environ 4 pieds, pour écarter des pailles l'égout des eaux ;

2°. Que ce même toit a, dans le même but, un prolongement de 2 pieds au-delà de chaque pignon ;

3°. Que pour ne pas perdre de place au-dessus de la travée du milieu servant d'aire à battre, j'y ai fait pratiquer un plancher à mi-hauteur ;

4°. Que, pour consolider la construction, j'ai placé aux deux pignons et sur les faces des quatre travées extrêmes des croix de Saint-André, qui ont en outre l'avantage de contenir les culs des gerbes et d'aider au tassement.

Le tout est assemblé par les moyens les plus simples, et qui exigent le moins de main-d'œuvre, c'est-à-dire à moitié ou tiers de bois quand il a été possible, à tenons et mortaises pour le surplus. Toutes les chevilles sont en bois, même celles des chevrons ; et à l'exception du clou à latte, du clou à ardoise, et des crochets de sûreté pour les couvreurs, il n'entre pas un morceau de fer dans toute cette construction.

Les sablières et les pannes sont toutes, comme les sommiers, d'une seule pièce dans toute leur longueur. Ce luxe, si c'en est un, qui m'était permis par la longueur de mes peupliers, n'est pas d'une nécessité indispensable, et ces pièces peuvent, sans inconvénient, être de plusieurs morceaux assemblés bout à bout.

Le faîtage est de deux pièces pour la commodité du levage.

Les grosseurs des bois sont,

Pour les neuf sommiers, les douze poteaux et les six entraits longs, 9 pouces carrés ;

Pour les deux sablières longues, 7 pouces carrés ;

Pour les deux pannes et le faîtage, 6 pouces carrés ;

Pour les douze arbalétriers, les vingt-quatre liens, les six petits entraits et leurs six poinçons, 5 pouces sur 7 ;

Pour les vingt pièces des croix de Saint-André, 4 pouces sur 6 ;

Pour les chevrons, 3 pouces carrés.

Tous ces bois ont été équarris au trait de scie ; j'y ai trouvé une très-grande économie, et l'immense avantage de retirer de cet équarrissage des dosses belles, épaisses et bien droites, en nombre suffisant pour en former le plancher (ou soustrait), que j'ai simplement superposé sur le gril de charpente du bas.

J'ai mis le rond des dosses en dessous et le plat en dessus : de sorte que j'ai obtenu de ce qui n'eût fait que des copeaux par l'équarrissage à la cognée, un plancher excellent et solide pour toute la superficie de ma grange, ainsi que pour le plancher au-dessus de l'aire à battre. (*Voyez* fig. 1 et 3.)

J'ai choisi dans toutes ces dosses les plus belles et les plus épaisses ; je les ai fait de nouveau équarrir à la scie, de manière à ce qu'elles portassent 4 pouces d'épaisseur sur 11 pieds de long, et toute la largeur qu'on en pouvait obtenir ; et ces dosses de choix, ainsi retravaillées, ont formé le plancher de la travée du milieu servant d'aire à battre ; on les a assemblées jointives, sans rainure ni languette ; on les a fixées avec des chevilles, puis on a calfaté les joints avec de la mousse et du goudron, et jamais aire à battre n'a été meilleure ni plus sèche, ni en même temps plus commode pour le batteur, dont le fléau se relève sans aucun effort, et par la seule élasticité du plancher qui reçoit le coup.

Enfin, pour me garantir encore davantage du rat et de la souris, craignant qu'on oubliât de retirer l'échelle ou le marchepied dont le batteur pouvait avoir besoin de se servir, j'ai adapté au bord de l'aire à battre un marchepied mobile et en fer, qui, au moyen de deux chaînes et de deux contre-poids en pierre, peut être mu par un enfant, et qui, ne prenant son emmarchement qu'à 15 pouces au-dessus de terre, n'offre aucune entrée au rat et à la souris, même quand on oublierait de le remonter. Cet escalier est dans le système exact d'un marchepied de voiture qui serait à cinq échelons. (*Voyez* fig. 7.)

Toute cette construction est isolée de manière à ce que les voitures puissent l'approcher de toutes parts et décharger les gerbes dans tous les points ; avantage que ne peuvent offrir les granges ordinaires.

P. S. Je crois devoir avertir,

1°. Que, pour empêcher l'effet de l'engouffrement du vent dans la toiture, j'ai fait pratiquer dans le milieu deux petites lucarnes de chaque côté, toujours ouvertes, et couvertes d'un chapeau de plomb ;

2°. Que, pour faciliter la pose des échelles du couvreur, en cas de réparations, j'ai distribué, à distances égales sur la toiture, vingt-quatre forts crochets de fer ;

3°. Enfin que, pour garantir tous les bois de l'effet du soleil et des pluies du midi et du couchant, je les ai fait revêtir d'ardoise sur leurs faces extérieures, exposées au sud et à l'ouest.

Cette défense est bien préférable à la peinture.

Plan.

Coupe sur la ligne C.D.

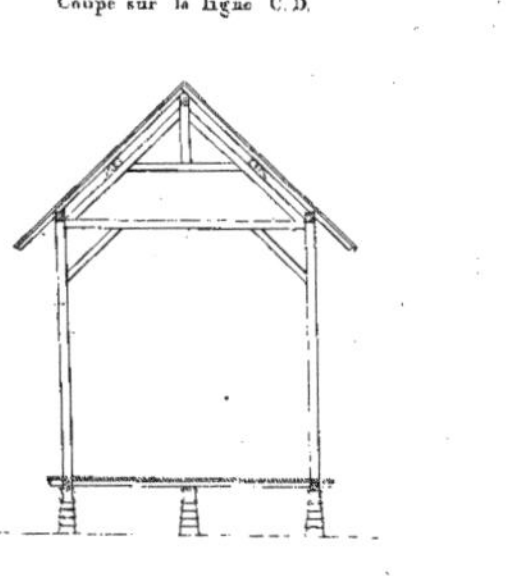

Coupe sur la ligne A.B.

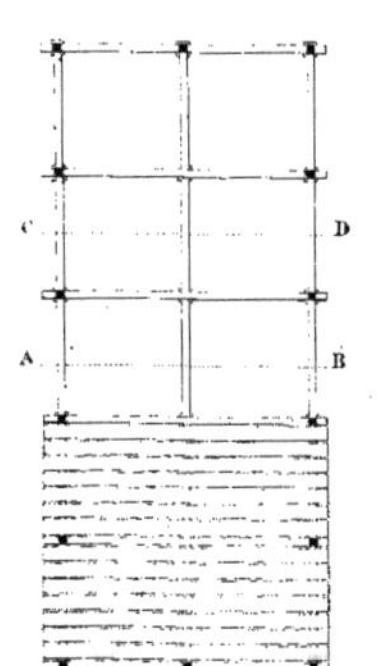

 GERBIER SUR POTEAUX.

Élevation latérale.

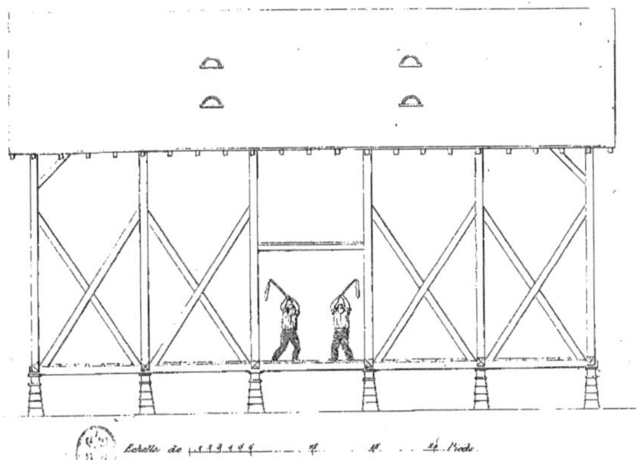

Échelle de 1 2 3 4 5 6 . . 4.º . . 10.º . . 24 Pieds.

Élévation.

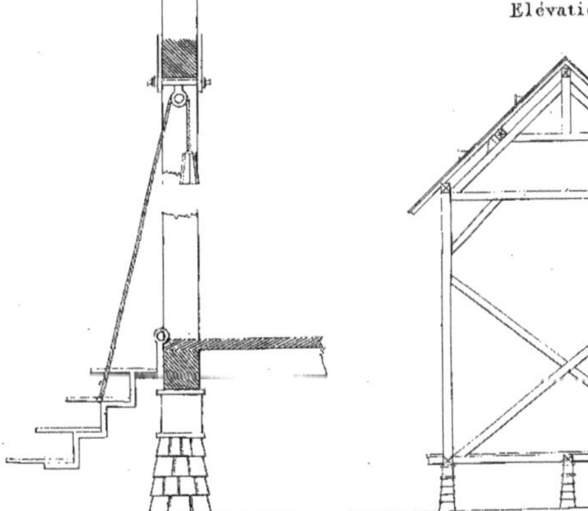

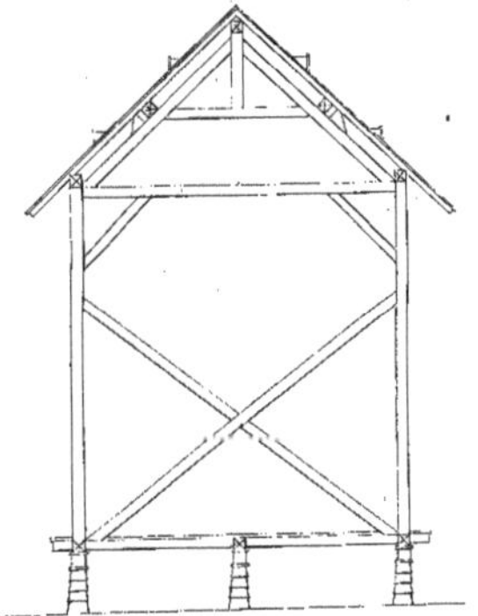

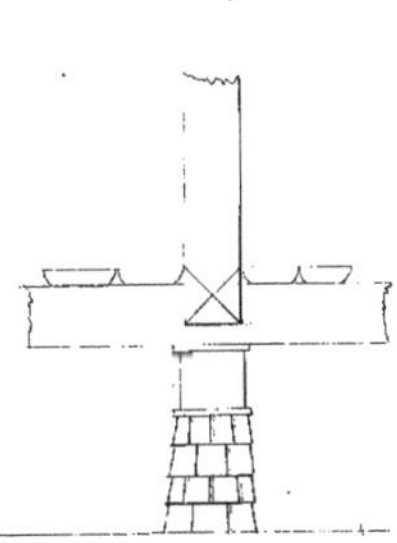

Détail de la Coupe
sur la Ligne A.B.

Échelle de 1 2 3 4 5 6 Mètres.

Détail des Poteaux.

Coupe sur la Longueur.

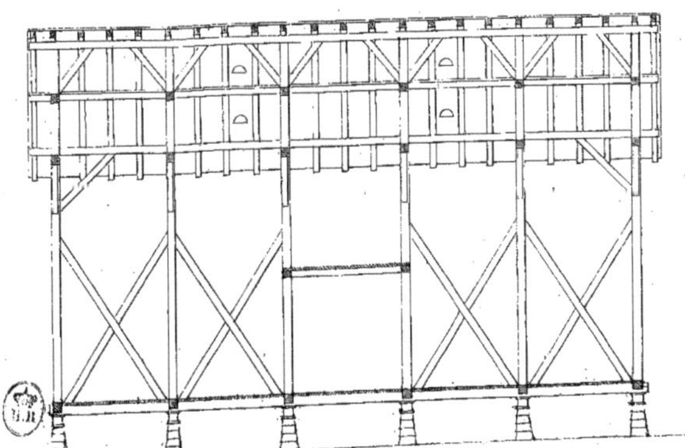

Lith. de E. Engelmann.